# 公路工程工业固废综合利用技术

边建民　蔡燕霞　郝雷杰　弓社强　白良义　编著

中国建筑工业出版社

图书在版编目（CIP）数据

公路工程工业固废综合利用技术 / 边建民等编著
. — 北京：中国建筑工业出版社，2023.7
ISBN 978-7-112-28991-2

Ⅰ. ①公… Ⅱ. ①边… Ⅲ. ①道路工程-工业固体废
物-固体废物利用 Ⅳ. ①X734

中国国家版本馆 CIP 数据核字（2023）第 143021 号

本书以工业固废为研究对象，对其在公路工程中的利用等方面展开了多项研究。本书
共 6 章，重点介绍工业固废中煤矸石、电石渣、钢渣和粉煤灰在公路工程中的综合利用及
其在实际工程中的应用。各章内容包括：绪论、工业固废的基本物化特性、煤矸石的资源
化利用、电石渣的资源化利用、钢渣的资源化利用以及工程应用。

本书可供公路工程领域的工程技术（管理）人员、研究人员以及高等院校相关专业师
生参考、使用。

责任编辑：李玲洁
责任校对：芦欣甜
校对整理：赵　菲

**公路工程工业固废综合利用技术**
边建民　蔡燕霞　郝雷杰　弓社强　白良义　编著
\*
中国建筑工业出版社出版、发行（北京海淀三里河路 9 号）
各地新华书店、建筑书店经销
北京鸿文瀚海文化传媒有限公司制版
北京市密东印刷有限公司印刷
\*
开本：787 毫米×1092 毫米　1/16　印张：11¼　字数：273 千字
2023 年 7 月第一版　　2023 年 7 月第一次印刷
定价：**56.00** 元
ISBN 978-7-112-28991-2
（41732）

# 前　言

  《2022 年交通运输行业发展统计公报》统计数据显示，截至 2022 年年末，我国公路总里程总数达到 528.07 万 km，二级及以上等级公路里程为 72.36 万 km，占公路总里程的比重为 13.7%，高速公路里程为 16.91 万 km，当前我国公路建设正在以高增长趋势发展，这势必会对公路建设所需的材料有较大规模的需求。另一方面，我国已堆存的以及每年新增的大量工业固废对生态环境而言是一种巨大的威胁，《2021 年中国生态环境统计年报》统计数据显示，2021 年在《排放源统计调查制度》确定的统计调查范围内，全国一般工业固废产生量为 39.7 亿 t，预测"十四五"期间，我国大宗工业固废年均产生量预计维持在 35 亿 t 左右。现阶段国家要求在致力于经济发展的同时始终坚持生态环境的保护，基于我国可持续发展战略和当前对工业固废的处理现状，通过研究工业固废在公路工程中的综合利用，可实现工业固废减量化、资源化、无害化和再利用，节约了天然材料，同时也解决了工业固废堆存带来的环境污染问题，提高资源综合利用率和生态环境保护水平。

  本书从原材料特性、混合料配合比设计、混合料施工工艺、效益分析等方面，对工业固废煤矸石、电石渣、钢渣和粉煤灰在公路工程中的综合利用进行了详细讨论。第 1 章绪论，对工业固废的定义与分类、国内外对工业固废的综合利用现状进行了介绍，着重论述了工业固废在公路工程中的综合利用现状。第 2 章工业固废的基本物化特性，结合室内试验主要对煤矸石、电石渣、钢渣以及粉煤灰四种大宗工业固废的化学成分、物理性质等材料特性进行研究。第 3 章煤矸石的资源化利用，探究了煤矸石用于路基与基层的适用性：在路基应用中，通过试验分析了颗粒级配、掺土、掺粉煤灰对煤矸石路用性能的影响规律，提出了煤矸石作为路基填料的推荐颗粒级配，以及与土、与粉煤灰的最佳掺配比例；在基层应用中，对电石渣粉煤灰稳定煤矸石混合料、水泥稳定煤矸石混合料、水泥稳定碎石-煤矸石混合料进行了配合比设计，对其无侧限抗压强度、抗压回弹模量等路用性能进行了试验研究，得出了适用于路面基层、底基层的混合料配合比。第 4 章电石渣的资源化利用，针对电石渣及电石渣-粉煤灰稳定土用于路床处治的路用性能进行了研究，通过试验研究确定了电石渣稳定土中电石渣的最佳掺量；在确定电石渣与粉煤灰最佳掺配比例的基础上，试验研究了不同掺量的电石渣-粉煤灰稳定土的路用性能，得出了电石渣-粉煤灰稳定土的最佳配合比。第 5 章钢渣的资源化利用，为改善钢渣体积稳定性，采用不同改性剂对钢渣进行表面改性处理，探究了改性钢渣用于基层与面层的可行性：在路面基层应用中，采用等体积替代法对钢渣/改性钢渣替代天然集料进行基层混合料配合比设计，通过试验研究了不同配合比混合料的无侧限抗压强度、抗压回弹模量、干缩性能等路用性能，提出了适于路面基层应用的混合料配合比；在沥青面层应用中，同样采用等体积替代法对钢渣/改性钢渣替代天然集料进行沥青混合料配合比设计，通过试验研究了不同配比沥青混合料的高温稳定性、低温稳定性、水稳定性等路用性能，提出了合理的钢渣/改性钢渣沥青混合料配合比。第 6 章工程应用，对工业固废资源化利用的试验路进行检验，为公路工程中工业固废综合利用技术的推广提供有关技术材料。

本书的编写和研究过程中得到了众多专家学者、同行的大力支持，许多内容属于科研共同取得的成果。在此，特别感谢实体工程施工过程中各位同行提出的宝贵意见，感谢中路高科（北京）公路技术有限公司黄前龙、郜佳琦在理论分析、实验研究及本书统稿中付出的辛勤劳动，感谢河北工程大学高颖老师提供的帮助。

由于作者学识水平的局限，书中论述难免有不尽之处，望广大读者不吝指正！

# 目　录

# 第1章 绪论

## 1.1 工业固废的定义与分类

### 1. 工业固废的定义

《中华人民共和国固体废物污染环境防治法》中定义，工业固体废物（以下简称"工业固废"）是指在工业生产活动中产生的固体废物。这个定义概括出工业固废的来源非常广泛，所有与工业生产直接相关的活动都可能是工业废物的产生源，主要行业有冶金、化学、煤炭、矿山、石油、电力、交通、轻工、机械制造、制药、汽车、通信和电子、建材、木材、玻璃等。工业生产产生的固废种类非常多，不同工业产生不同类别的废物。工业固废主要包括生产过程中产生的废弃副产物或中间产物、报废原材料和设施设备、报废和不合格产品、下脚料和边角料，污染控制设施产生的工业垃圾、残余物、污泥、回收物。

### 2. 工业固废的分类

工业固废的分类方法有很多，按照危害程度可以分为一般工业固废、危险工业固废和放射性工业废物；按照产生行业可分为冶金工业固废、化工工业固废、建筑工业固废等。因为工业固废属于固体废物的一种，所以也可使用固体废物的分类方法，按照含有的化学元素成分可分为含黑色金属固废、含重金属固废、含碱土金属固废等；按照化学类别可分为无机固废和有机固废等；按其形态可分为固态废物、半固态废物和液态（气态）废物。鉴别某种工业固废可根据现行国家标准《危险废物鉴别标准 通则》GB 5085.7，如本书中着重介绍的煤矸石、电石渣、钢渣、粉煤灰，根据标准均属一般工业固废。

## 1.2 工业固废的综合利用现状

我国已堆存的以及每年新增的大量工业固废对环境而言是一种巨大的威胁。综合利用工业固废已经成为建设资源节约型和环境友好型社会的重要措施。根据国家统计局相关数据，工业固废产生量逐年上升，2021年我国大中城市一般固废产生量为15.5亿t，同比增长18.32%。在一般固废中，一般工业固废产生量最大，其中电力、热力的生产和供应业、黑色金属冶炼和压延加工业、煤炭开采和洗选业、黑色金属矿采选业、有色金属矿采选业等工业固废产生量占一般工业固废总量的76.9%。预测"十四五"期间，我国大宗工业固废年均产生量预计维持在35亿t左右。工业和信息化部将煤矸石、粉煤灰、冶炼渣、尾矿等来自上述五大行业的固废列为大宗工业固废。大宗工业固废是大宗固废的一大门类，是《关于"十四五"大宗固体废弃物综合利用的指导意见》（发改环资〔2021〕381号）（以下简称《指导意见》）中的主要处理对象。

因为相较于生活垃圾、社会源固废等其他固废，工业固废具有产生源相对集中、成分相对单一、性质相对稳定三个特点，有利于综合利用。2019 年我国大宗工业固废综合利用量约为 20.78 亿 t，较 2018 年的 18.48 亿 t 增长了 2.3 亿 t，首次突破 20 亿 t；综合利用率达到 56.19%，较 2018 年提高了 2.61%。其中煤矸石、钢渣等部分大宗工业固废的综合利用仍不充分，利用率不足 35%，未达到《指导意见》提出的大宗固废综合利用率要求。

对于煤矸石的研究，国外早在 1930 年就已经对煤矸石进行了初步探索，第二次世界大战爆发之后相关研究被迫停止，第二次世界大战结束之后关于煤矸石的研究开始蓬勃发展，相继涌现出大量的科研成果。截至今天，西方发达国家对煤矸石的利用效率已经达到80% 左右。国外对煤矸石的利用主要在建筑、土工和发电材料领域。国内对煤矸石的研究相比于国外起步较晚，自 20 世纪 60 年代才开始进行相关方面的研究。目前对煤矸石的应用主要包括两个方面，一是提取回收煤矸石中的可利用资源，二是将其作为工程应用材料。

电石渣是工业生产中较难处理的废弃物，需要进行压滤处理后才可进一步资源化利用，并且由于电石渣运输费较高且本身杂质种类较多，其综合利用率不高。目前国内外学者对电石渣的资源化利用已有较多研究，其中以建筑材料为主，如生产水泥胶凝材料、建筑砌块、保温材料等。国内 90% 以上的电石渣还是用于生产水泥。

钢渣是当前产量较大的工业固废，钢厂每生产 1t 钢材就会产出 0.1~0.15t 的钢渣，即钢渣的生产量约为钢材生产量的 10%~15%。国外大部分国家的钢渣主要应用于土木建筑、水泥混凝土掺合料、农业生产、建材以及公路修建等方面，利用率已经达到 95% 以上。国内钢渣在混凝土外加剂、钢渣肥料、土壤改良剂等方面也进行了相关研究与应用，但钢渣具有的特殊理化性质，无法在这些领域得到大规模应用。

目前国内外对粉煤灰的研究主要集中在建材、建筑、公路、农业、环保和有价金属提取等方面。虽然有价金属提取能使之得以高附加值化综合利用，但目前仍处于起步阶段，尚未形成完备的生产体系。相比之下用于建材、建筑、公路、农业和环保领域工艺简单，并能最大程度地消耗粉煤灰，是目前最主要的利用方式。

目前虽然对煤矸石、电石渣、钢渣等大宗工业固废的综合利用取得了一定成果，但仍需要加大技术开发力度，扩宽其应用方向。

## 1.3　工业固废在公路工程中的综合利用现状

### 1. 煤矸石在公路工程中的应用现状

由于煤矸石成分复杂、堆放杂乱，若从中回收可利用资源就必须先将煤矸石分类，这就需要增加复选工艺，成本就会提高。若将煤矸石代替砂石集料在公路工程中使用，既能解决天然筑路材料不足的问题，还能缓解环境压力。近年来，诸多学者对煤矸石在公路路基与基层中的应用进行了大量研究。

姜振全等对徐州一些地区的煤矸石进行了级配研究，结果表明煤矸石级配分布较大，从小到粉状至大到几十厘米的块石，并且煤矸石中含有黏土质矿物；通过试验分析了不同掺量细集料的煤矸石击实特性和渗透特性，结果表明：煤矸石颗粒级配对其压实度影响最大，适当增加煤矸石中的细粒含量可以增大最大干密度，改善煤矸石的骨架结构和渗透性能。

王朝晖等确定了煤矸石填筑路基的现场施工方法,通过铺筑试验段研究了冲击压实和普通振压后冲击补充压实对煤矸石填筑路基的施工效果,通过填砂法和沉降观测法对煤矸石路基的压实度进行现场检测,分析了两种压实方式对压实度和颗粒级配之间的关系。

王勃等设计了三轴压缩试验改进方法,研究了不同粗集料掺量下煤矸石混合料的三轴试验,结果表明:不同压实功对煤矸石击实特性具有较大的影响,粗集料的含量也会对粘聚力和摩擦角产生影响,并结合试验明确了粗集料含量与抗剪强度之间存在的函数关系。

姜利等通过对未燃煤矸石进行室内试验研究,确定了未燃煤矸石作为路基填料的相关技术指标要求,通过数理统计方法与现场试验相结合的方法,模拟了不同季节中温度与路基深度之间的变化关系,建立了未燃煤矸石的路基深度-温度模型,对未燃煤矸石用于路基填筑的可行性提供参考依据。

夏英志通过对煤矸石在路基工程中的应用以及对碾压工艺的探讨,提出煤矸石路基填筑的含水量、压实功、松铺厚度对施工质量的影响,压实过程主要分为颗粒复合压实和颗粒破碎压实两种,压实度与路基填料的级配相关,控制细集料含量可以提高路基的压实度。

王锐、梁顾平以合淮阜高速为依托,对淮南地区不同矿区煤矸石的基本物理特性、力学特性进行室内试验研究,验证了将煤矸石用于路基填筑具有十分优异的路用性能,并依托实体工程,为煤矸石作为路基填料施工工艺提供了参考。

长安大学赵鹏、常贺研究了煤矸石填筑路基的相关技术指标,通过对煤矸石室内试验分析确定了不同种类煤矸石填筑路基的可行性,通过对不同细颗粒含量煤矸石混合料的击实特性、承载特性和渗透特性进行分析,得出了细集料掺量对煤矸石混合料 $w_{op}$、$\rho_{dmax}$、$CBR$ 以及渗水时间之间的关系,通过试验段的铺筑,研究了煤矸石路基填筑的沉降变化规律、煤矸石路基填筑的施工工艺流程以及质量控制方法,为煤矸石用于路基填筑的推广应用提供了参考依据。

唐骁宇通过大型三轴试验研究了煤矸石的动力特性,借助"骨架曲线特征曲线试验"采用少次数的多级加载形式,分析了煤矸石的骨架曲线、滞回曲线、动模量和阻尼比之间的变化关系,借助"累积变形试验"采用多次数的单级加载形式,分析了煤矸石累积轴变、累积体变与振次的变化关系,最后通过拟合曲线以及模型分析对煤矸石在交通荷载下的动力特性进行分析,为煤矸石路基的沉降变形提供了设计依据。

国外对于煤矸石的研究最早开始于 1930 年,直到 1960 年我国才对煤矸石展开了深入的试验研究,把煤矸石作为路基填料使用,路基稳定性十分优良,经济效益和社会效益十分显著。在美国、英国、德国等国家和地区,煤矸石的利用率已经达到 90% 以上,比如在法国北部地区的重载交通中采用红色煤矸石进行路基填筑,结果显示红色煤矸石具有良好的不透水性,耐崩解性较好,路用性能优良;美国对于煤矸石的利用最广泛的是将红色煤矸石作为路基填筑材料使用,并且有少部分用于整修公路面层。

有学者对煤矸石混合料的压密性进行了现场试验研究,试验结果表明煤矸石路基的密实程度与其混合料的粗细集料分布有关。Michalsk 等通过对煤矸石的颗粒级配进行分析试验得出,不均匀系数越大,混合料越密实;Toshihiko Masui 将煤矸石按照自燃程度的颗粒破碎率对煤矸石的等级进行分类,并将其用作填筑材料,经过大量的试验研究论证,煤矸石逐渐被应用于高等级公路路基中。此外,也有学者将煤矸石与粉煤灰、水泥等材料相结合制备新型建筑材料用于公路工程中，经过大量的室内试验研究表明，煤矸石稳定材料的抗压强度、抗腐蚀性能以及抗渗透性能优良，具有非常高的应用价值，可以将其作为建筑材料而用于路基工程及建筑行业。

闫广宇、周明凯等人通过破碎分选工艺获得性质优良的煤矸石集料，通过对水稳试件力学性能研究发现，以煤矸石为集料基层其力学性能较差，但是在混合料中加入10％粉煤灰后，煤矸石集料的抗击碎能力显著提高，混合料的力学性能得到明显改善。

柳冬雷分析了煤矸石、电石渣、粉煤灰混合料在干湿循环作用下的强度和质量变化规律，并通过CT扫描技术分析了在干湿循环过程中煤矸石、电石渣、粉煤灰混合料的内部结果变化，结果表明当煤矸石、电石渣、粉煤灰混合料经历不同干湿循环后强度发生了增长现象，经过图像处理技术发现其内部发生了剧烈的火山灰反应且在表面反应更加强烈，从而增强了煤矸石、电石渣、粉煤灰混合料的水稳性能，并为其在工程中应用提供参考。

赵鹏依托青兰高速涉邯段工程项目，通过室内试验研究了邢台、邯郸地区煤矸石用于路堤填筑、台背回填、路基填筑等方面的可行性，通过铺筑试验段，提出煤矸石用在路基中的加固方法及碾压遍数、台背回填控制指标、路基包边土的厚度、施工工艺施工注意事项。

夏政通过对水泥稳定天然级配煤矸石、水泥稳定碎石-煤矸石混合料进行研究，研究表明：以煤矸石为集料制备的混合料满足二级公路底基层的使用要求，以碎石掺入煤矸石为集料制备混合料满足二级公路基层使用要求。通过有限元模拟分析了温度应力的开裂情况，提出水稳煤矸石在温度应力下的开裂控制指标，为后续确定合理基层强度提供参考。

朱庭勇使用二灰土、二灰煤矸石混合料作为县、乡公路基层，通过对混合料的力学性能、温缩性能等进行深入研究，确定了最佳的配合比和级配类型。研究认为无机结合料稳定煤矸石作为县乡公路基层是经济可行的。

王妮妮以沈抚地区红色、黑色煤矸石为研究对象，进行原材物化性能分析，研究了原材对基层的影响。同时，还对煤矸石用于公路基层路用性能进行分析，依托试验路确定了施工工艺，为煤矸石在公路基层中的应用提供了参考。

综上所述，国内外学者已经对煤矸石进行多方面的综合研究，对煤矸石的基本路用性能及施工工艺已经有了很多的研究，但是对于煤矸石在路基与基层工程中的应用还相对较少，没有得到广泛的推广应用。

## 2. 电石渣及粉煤灰在公路工程中的应用现状

我国早在20世纪90年代就已经对电石渣粉煤灰稳定砂砾进行了相关的试验研究，通过试验段铺筑与石灰粉煤灰材料的对比分析得出，电石渣稳定材料的路用性能与石灰稳定材料较为接近，可以满足二灰稳定基层材料的技术要求。

在实体工程中，由于各个地区水文地质因素的不同，湿黏土也是较为常见的土质，在公路建设中由于其粒径较小，含水量较高，压缩系数较大，强度差，因此在实际应用中会出现压实困难、失水收缩等问题；杜延军等通过对比电石渣与石灰性质的异同，对电石渣用于改良黏土作为路基填料的力学性能进行研究，对比分析了两种改良黏土的$CBR$、$M_r$、$R_s$和$DCPI$等性能的变化规律，并通过酸碱性、汞空隙率和热重分析法从微观角度分析了改良黏土强度与pH、孔径大小、强度机理之间的内在关系，结果表明，在黏土中掺入电石渣能够显著改善其强度指标，能够有效地改善黏土本身的不良特性，工程应用效果显著，值得推广利用。

庞魏等通过对电石渣改良盐渍土开展相关的室内试验研究，结果表明经过改良的盐渍土，其塑性指数降低，最佳含水量和承载能力都有所增加；刘婧通过对电石渣改良盐渍土耐久性能进行室内试验研究，结果表明当电石渣掺量在 6% 以上时，其强度损失明显降低，经过冻融循环以后，耐久性能优异；查甫生等通过室内试验方法对电石渣改良膨胀土的性能进行了分析，试验结果表明，电石渣可以有效地改善膨胀土的不良特性，提高膨胀土作为路基材料的稳定性，并确定膨胀土中电石渣最佳掺配比例为 10:90；肖龙山对电石渣改良膨胀土的变化规律进行了研究，结果表明：在基质吸力试验中，电石渣改良土的凝聚力随着养护龄期的延长而不断增大；在干湿循环试验中，循环次数增多整体凝聚力会减小。

栗培龙等为了优化电石渣稳定土的组成及配比，有效提升其路用性能及电石渣等废弃资源的循环利用水平，通过击实试验的改进分析了不同压实度下稳定土的抗压强度变化规律，明确了不同土样的最佳电石渣剂量，同时探究了土质塑性指数、黏粒含量及胶体活性指数对最佳电石渣剂量的影响规律，结果表明：电石渣稳定土无侧限抗压强度能够达到石灰稳定材料的规范要求；覃小纲等通过室内试验研究了相同产量下电石渣和石灰两种材料稳定土的性能对比，试验结果表明，电石渣和石灰掺量一致时，电石渣稳定土的性能均优于石灰稳定土。

对于电石渣粉煤灰稳定土也有很多学者进行了研究，李靖通过对电石渣粉煤灰改良盐渍土的强度以及耐久性进行研究发现，当电石渣:粉煤灰:素土为 8:22:70 时，抗压强度完全满足路面基层的强度要求，冻融循环后的强度比达到 0.7 以上；高朋等以渣粉比、磷石膏掺量和土质种类作为影响因素，按照无侧限抗压强度和劈裂强度两种试验方法设计正交试验，结果表明：不同土质的无侧限抗压强度结果差异较大，掺加一定剂量的石膏对电石渣粉煤灰稳定土强度会产生一定的影响，一定掺量的电石渣和粉煤灰稳定土强度也有一定的影响；药秀明等通过对电石渣粉煤灰稳定土进行室内试验研究，结果表明电石渣粉煤灰具有良好的抗变形能力，并且进行了试验段铺筑，为电石渣粉煤灰混合料的推广应用打下了基础。

赵林从物理性质、强度特性、膨胀收缩特性、干湿循环特性和微观结构特性五个方面对电石渣粉煤灰改良土的路用性能进行了详细分析，试验结果表明：当粉煤灰:生石灰:膨胀土为 20:2:78 和电石渣:土为 10:90 时其改良效果显著；朱大彪通过模拟试验验证了电石渣物化性质稳定，以施工质量可以达到技术要求，对电石渣稳定土的强度机理进行分析研究，通过一系列室内试验的研究，确定用于路床填料的最佳电石渣掺量为 6%，路堤为 4%，电石渣粉煤灰改良土最佳掺配比例为 9:23:68；刘星辰研究了将电石灰、粉煤灰作为路基稳定材料使用，利用电石灰和粉煤灰作为结合料改良不同性质原状土并进行相关室内试验研究，试验结果表明：电石渣可以有效地改善高塑性土的力学特性，电石渣粉煤灰结合料可以改善低塑性土的力学性能，路用性能优良。

Nima Latifi 等通过用电石渣稳定膨胀土和高岭土的力学性能进行试验研究，结果表明，随着电石灰掺量的增大，改良土的强度比原状土抗压强度增大 4.7~6.8 倍，对于高岭土的改善效果更为显著，抗压强度提高 3.8~5.8 倍；Darikandeh F 等借助固结试验对电石渣粉煤灰稳定膨胀土开展了室内试验研究，结果表明在电石渣粉煤灰掺和比为 20:80 时其性能最佳。

Suksun Horpibulsuk 等通过室内试验对电石渣和粉煤灰稳定黏土的强度特性进行了研究和分析，试验结果表明，电石渣掺量小于 7% 时，抗压强度显著提高，原因是电石渣中的氢氧化钙与稳定黏土发生火山灰反应，当电石渣含量为 7%～12% 时，抗压强度不会随电石渣含量的增加而增大，当电石渣含量大于 12% 时，其强度将发生逆转，有明显的下降趋势，掺入粉煤灰后能够显著改善稳定土的抗压强度，主要是由于粉煤灰对骨架起到填充作用，随着龄期的增长、火山灰反应的充分进行，使得电石渣粉煤灰稳定黏土的强度特性不断增强。

Apichit Kampala 等对电石渣和粉煤灰稳定土的干湿循环特性、强度影响规律进行了相关室内试验研究，结果表明，电石渣稳定土的抗压强度在经过多次干湿循环以后未能满足规范中的设计要求，但是在掺入一定的粉煤灰后，能够显著改善稳定土的干湿循环强度。

综上所述，国内外学者对于电石渣和电石渣粉煤灰改良土已经有了一定的研究基础，通过众多学者对电石渣稳定黏土、膨胀土、盐渍土等的室内试验研究，确定了电石渣用于改良土优异的路用性能，电石渣是一种替代石灰的理想材料，电石渣粉煤灰稳定土的力学性能改良效果更为显著。

### 3. 钢渣在公路工程中的应用现状

钢渣作为一种大宗固体废弃物，具有坚硬、耐磨、棱角性好等优良的力学性能，其主要化学成分是：$CaO$、$SiO_2$、$MgO$、$FeO$、$Fe_2O_3$ 等，与水泥的化学成分相似，具有良好的物理力学性能，应用于水泥稳定基层中可大幅度提高其性能。

长安大学黄浩将期龄两周左右的新钢渣配以 0.5% 的微硅灰掺入水泥稳定碎石基层中。研究发现，钢渣的掺入可提高水泥稳定碎石基层的力学性能，但过高的掺量会使得水泥稳定碎石基层的可压实性能变差，另外微硅灰的加入能够明显降低钢渣的体积膨胀率，提高基层的耐久性能。

长安大学郑武西将钢渣应用到水泥稳定基层中，并对钢渣原材料性能、混合料配合比设计、路用性能等方面进行研究。结果表明，钢渣材料的各项性能指标优于普通碎石。水泥稳定碎石-钢渣基层的力学性能均优于水泥稳定碎石基层。通过 X 射线衍射分析方法（XRD）和扫描电子显微镜（SEM）可知，钢渣的水化产物随着期龄的增加而增加，并逐渐在钢渣表面形成一定的厚度，增加钢渣的粘结性和混合料的强度。

李伟和王鹤彬等研究发现，当混合料级配相同时，混合料的干缩性能主要受水泥剂量影响，而温缩性能则受水泥和温度的共同影响。George 等提出水泥剂量、集料成分、土的种类、养护龄期是影响水泥稳定类基层性能的主要因素。

南京林业大学张彭认为水泥稳定钢渣碎石基层强度的形成主要由外部机械压实和内部水泥、钢渣的水化反应决定，并提出采用化学激发和优化调整钢渣级配来提高水泥稳定碎石钢渣的早期强度。

喻平研究发现水泥稳定钢渣碎石的弯拉强度是其疲劳寿命的主要影响因素，且主要受钢渣掺量和水泥剂量的影响。

钢渣的磨耗值、压碎值、强度等性能接近或优于天然石料，也是较为理想的沥青混凝土集料。钢渣经破碎后，颗粒尺寸接近正方体，且碱性较强，表面比较粗糙，因此可以和沥青很好地粘结。

Pasetto 验证了钢渣替代天然集料掺入沥青混合料中的可能性，指出钢渣是天然矿石的完美替代品。Wu 等推荐钢渣作为粗集料掺入沥青混合料中。Kavussi 通过开发的疲劳模型测试得出，电炉钢渣的加入可大大提高试样的疲劳寿命。郭寅川、Wu 研究发现，含有钢渣的沥青混合料具有较强的抗车辙性能。Arabani、Chen 在对钢渣沥青混合料进行路用性能测试时得出，钢渣与沥青间良好的粘附性是提高混合料水稳定性的关键。

Waligora 将转炉钢渣全部替代天然矿石掺入沥青混合料中进行路面铺筑，发现路面过早产生裂纹。因此不少学者开始探索钢渣部分替代天然集料的试验方式。

申爱琴将不同掺量的钢渣掺入沥青混合料中发现，30％掺量的钢渣可以明显提高沥青混合料的疲劳寿命。研究表明，采用钢渣部分替代石灰岩的方法掺入沥青混合料中，可以明显提高混合料的路用性能。此外，使用钢渣替代石灰岩粗集料，细集料使用天然矿石组成的粗钢细石的混合料，在有效降低混合料膨胀率的同时，还具备更优的体积稳定性和水稳定性能。李超研究发现粗钢细石沥青混凝土的高温稳定性能较全钢渣的更好。

王川通过水侵蚀试验得出，钢渣经过改性后可以增强钢渣沥青混合料的抗水侵蚀性能，从而增强沥青混合料的耐久性。许丁斌将有机硅树脂改性后的钢渣作为粗集料掺入沥青混合料中发现，钢渣经过表面改性后可以明显降低沥青混合料的用油量。

综上所述，国内外学者研究了钢渣在公路建设工程中应用的可行性，所得结论可为后续研究提供有力依据。因此，本书根据相关学者研究经验，拟将表面改性钢渣替代天然碎石应用于水泥稳定碎石基层和沥青混合料中，并深入研究其路用性能，为实现废物利用、提高钢渣综合利用率提供一定的价值参考。

# 第2章 工业固废的基本物化特性

## 2.1 煤矸石

煤矸石是采煤过程中附加产出、含碳较少、比较坚硬的一种岩石，是煤矿建设、煤炭生产过程中所排放出的固体废物的总称。各地的煤矸石成分复杂，物理化学性能各异，据此确定不同煤矸石的综合利用途径。

### 1. 煤矸石的物理性质

煤矸石的外观颜色取决于其矿物组成与矿物中化学成分的含量。灰色煤矸石主要是页岩、炭质页岩以及泥质页岩，以炭质页岩为主外观呈黑色，含铁且经过自燃生成二氧化铁的呈红色，红色深浅视含铁量而异。年代近，风化未完全的煤矸石多呈黑色或灰黑色，大颗粒的炭质和泥质煤矸石较易风化，煤矸石堆内部容易发生自燃。年代久，发生自燃后往往呈红褐色或者灰白色等浅颜色，这种煤矸石颗粒通常较细，大粒径颗粒含量较少，具有良好的级配和使用性。

煤矸石的表观密度介于 $2100\sim2900kg/m^3$ 之间，堆积密度为 $1200\sim1800kg/m^3$，自燃煤矸石堆积密度为 $900\sim1300kg/m^3$。通常情况下自燃煤矸石堆积密度低于煤矸石，原因是煤矸石经过自燃后结构疏松，孔隙率较高。相比之下，自燃煤矸石比未自燃煤矸石具有更高的孔隙率，且孔隙结构复杂，孔径大小变化幅度大。正因其孔隙率高带来的多孔性能决定了煤矸石的吸水特性。

吸水特性对煤矸石的综合利用影响很大。结构致密的煤矸石吸水性低，且具有较好的透水性，自身保水性较低，可作为回填材料或路基填方；结构较松散的泥质、砂质岩煤矸石，吸水性较强，吸水后体积发生膨胀并破碎成较小粉状煤矸石，遇雨水冲刷易流失，影响路基边坡的稳定安全。

此外，煤矸石在受力情况下发生破碎导致级配变化，影响基层的压实度，使得基层发生裂缝沉降现象，公路等级不同对集料的要求也不同，因此有必要对煤矸石的压碎值进行评价，当集料压碎值满足要求时方可使用。

以河北省三个不同矿区的煤矸石为例，依据《公路工程集料试验规程》JTG E42-2005对其基本物理性质进行测试，其基本物理性质如表 2.1-1 所示，自然级配如表 2.1-2 和图 2.1-1 所示。根据试验结果，可见武安矿区煤矸石的性能相较于其他几个地区煤矸石质地较为密实、硬度较高，基本物理性质和自然级配较为优良。

### 2. 煤矸石的化学成分

煤矸石是由无机矿物质、少量有机物以及微量稀有元素（如矾、硼、镍、铍等）组成。尽管不同地区的煤矸石所含矿物不同，且化学成分较为复杂，但一般情况下煤矸石中的化学成分主要以硅、铝、钙和铁为主。以河北省 5 个不同矿区的煤矸石化学组成为例，其化学成分如表 2.1-3 所示。

煤矸石的基本物理性质　　　　　　　　　　　　表 2.1-1

| 类别 | | 武安矿区 | 峰峰矿区 | | 陶一矿区 | 陶二矿区 |
|---|---|---|---|---|---|---|
| | | | 黑色 | 红色 | | |
| 密度 | 表观相对密度(g/cm³) | 2.410 | 2.270 | 2.194 | 2.160 | 2.151 |
| | 表干相对密度(g/cm³) | 2.330 | 2.165 | 2.051 | 2.030 | 2.012 |
| | 毛体积密度(g/cm³) | 2.423 | 2.391 | 2.239 | 2.147 | 2.238 |
| | 堆积密度(g/cm³) | 1.52 | 1.60 | 1.51 | 1.57 | 1.55 |
| 吸水率(%) | | 1.893 | 4.239 | 3.341 | 2.165 | 2.213 |
| 自由膨胀率(%) | | 4 | 9 | 3 | 8 | 9 |
| 耐崩解性 | 粒径 60mm | 12.5 | 1.5 | 2.5 | 16.5 | 14.2 |
| | 粒径 40mm | 14.4 | 12.9 | 3.3 | 16.8 | 15.5 |
| | 粒径 20mm | 13.4 | 11.8 | 1.5 | 15.5 | 13.7 |
| 压碎值 | | 21.2 | 29.4 | 27.1 | 35.4 | 33.4 |

不同矿区煤矸石的自然级配　　　　　　　　　　表 2.1-2

| 孔径(mm) | 武安矿区 | 峰峰矿区(黑色) | 峰峰矿区(红色) | 陶一矿区 | 陶二矿区 |
|---|---|---|---|---|---|
| 60 | 100.0 | 100.0 | 100.0 | 100.0 | 96.8 |
| 40 | 89.6 | 94.7 | 98.3 | 99.7 | 92.4 |
| 20 | 71.5 | 39.4 | 73.0 | 92.7 | 82.6 |
| 10 | 44.2 | 18.7 | 44.8 | 72.4 | 65.3 |
| 5 | 25.6 | 11.3 | 25.3 | 35.8 | 47.4 |
| 2 | 10.8 | 6.1 | 14.2 | 14.6 | 32.1 |
| 1 | 5.2 | 5.5 | 11.8 | 11.5 | 22.6 |
| 0.5 | 2.0 | 3.4 | 7.9 | 8.5 | 18.2 |
| 0.25 | 0.9 | 1.7 | 5.8 | 6.0 | 12.2 |
| 0.075 | 0.4 | 0.3 | 2.7 | 3.0 | 3.8 |
| $C_u$ | 8.5 | 6.5 | 20 | 11.1 | 41.7 |
| $C_c$ | 1.3 | 2 | 3.3 | 2.8 | 1.8 |

根据 X 射线荧光分析方法（XRF）的试验结果，不同地区煤矸石火山灰活性成分 $SiO_2$、$Al_2O_3$ 总含量在 81%～86% 之间，其中武安矿区的煤矸石活性最高，活性成分高达 85.63%，其他 4 个地区煤矸石中 $SiO_2$、$Al_2O_3$ 和 $Fe_2O_3$ 总含量均在 70% 以上，属于碱性矿渣。

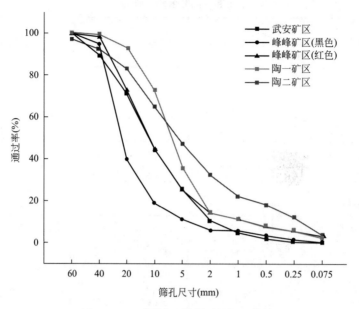

图 2.1-1　不同矿区煤矸石的级配曲线

煤矸石的化学成分　　　　　　　　　　　　　　　　　　　　　表 2.1-3

| 产地 | 含量（%） | | | | | | | | | | |
|---|---|---|---|---|---|---|---|---|---|---|---|
| | $SiO_2$ | $Al_2O_3$ | $Fe_2O_3$ | $K_2O$ | CaO | $SO_3$ | $Na_2O$ | MgO | $TiO_2$ | $P_2O_5$ | 其他 |
| 武安矿区 | 57.93 | 27.70 | 4.76 | 2.99 | 1.70 | 1.32 | 1.09 | 1.04 | 0.98 | 0.17 | 0.31 |
| 峰峰矿区(黑色) | 52.18 | 29.20 | 5.05 | 4.03 | 2.98 | 2.70 | 1.29 | 1.11 | 1.00 | 0.18 | 0.29 |
| 峰峰矿区(红色) | 66.29 | 17.55 | 2.99 | 3.88 | 2.56 | 1.87 | 1.24 | 2.21 | 0.91 | 0.18 | 0.31 |
| 陶一矿区 | 59.53 | 22.98 | 5.13 | 2.48 | 3.81 | 2.23 | 0.45 | 1.91 | 0.92 | 0.15 | 0.42 |
| 陶二矿区 | 58.48 | 22.90 | 4.03 | 2.7 | 5.05 | 2.98 | 1.29 | 1.01 | 1.11 | 0.18 | 0.27 |

## 2.2　电石渣

电石渣是电石（$CaC_2$）水解生成乙炔和氢氧化钙生产聚氯乙烯（PVC）产品时产出的固体废物，其化学反应如式（2-1）所示。在生产乙炔的同时，电石渣以废水的形式产出，研究表明其主要以 $Ca^{2+}$ 为主，以氢氧化钙［$Ca(OH)_2$］和碳酸钙（$CaCO_3$）混合形式存在。

$$CaC_2 + 2H_2O = C_2H_2 + Ca(OH)_2 + 127.3kJ/mol \qquad (2-1)$$

大量的电石渣通过填埋或堆存的方式加以处理造成大量的废渣填埋与堆存，不仅占用了土地资源，还因其中含有毒物质造成土壤侵蚀和地下水污染，对生态环境造成了恶劣的影响。通过了解电石渣的基本物化特性，以便将其作为稳定材料，从而减少资源的浪费，实现资源可持续利用的理念。

1. 电石渣的物理性质

电石渣外观呈灰白色，有刺鼻气味。经乙炔发生器排放到沉淀池的电石渣含水量相当多，在堆放一段时间后，电石渣的含水率基本保持在 90% 左右，长时间堆放的电石渣含水率也可达到 50% 以上。在含水率较高时呈现为膏状，当含水率降低时，呈块状或细度较高的匀质粉末状，易扬尘。以邯郸某乙炔气体公司产出的电石渣为例，外观观测和密度测试结果如表 2.2-1 和表 2.2-2 所示。

**电石渣的外观观测**　　　　　　　　　　　　　　　　　　　表 2.2-1

| 电石渣类型 | 颜色 | 外观形态 | 气味 | 含水率(%) |
|---|---|---|---|---|
| 原始电石渣 | 灰色 | 含水率大、部分成团 | 刺鼻气味 | 39.6 |
| 烘干后电石渣 | 灰白色 | 粉末状、易扬尘 | 刺鼻气味 | 0 |

**电石渣的密度**　　　　　　　　　　　　　　　　　　　　　表 2.2-2

| 试验次数 | 试样质量(g) | $V_1$(mL) | $V_2$(mL) | 密度(g/cm³) | 平均值(%) |
|---|---|---|---|---|---|
| 1 | 49.36 | 0.63 | 22.90 | 2.216 | 2.215 |
| 2 | 49.28 | 0.61 | 22.88 | 2.213 | |

### 2. 电石渣的化学成分

电石渣中主要含有约 90% 的 CaO、约 4% 的 $SiO_2$、约 2.5% 的 $Al_2O_3$ 和少量的 $Fe_2O_3$ 等其他杂质，与石灰的化学成分极为相似。而上文中提到的有刺鼻气味，是因为电石渣中含有 S、P 等有毒物质，烘干后会伴有一定的刺激性气味、$SO_3$ 等物质。选取河北省某乙炔气体公司生产的电石渣样品进行性能参数测试。化学成分分析测试结果见表 2.2-3。

**电石渣化学组成**　　　　　　　　　　　　　　　表 2.2-3

| 组成 | CaO | $SiO_2$ | $Al_2O_3$ | ZnO | $Fe_2O_3$ | MgO | $SO_3$ | Cl | $TiO_2$ | SrO |
|---|---|---|---|---|---|---|---|---|---|---|
| 含量(%) | 91.08 | 4.26 | 2.31 | 0.79 | 0.46 | 0.34 | 0.33 | 0.08 | 0.08 | 0.06 |

由上表可以得出本次采用的电石渣，主要成分为 CaO，含量高达 91.08%，水解之后可产生大量的 $Ca(OH)_2$ 为粉煤灰和煤矸石火山灰反应提供优良的碱性环境，其次为 $SiO_2$ 和 $Al_2O_3$。MgO 的含量仅为 0.34%，根据工程上对石灰的分类可知此样品的电石渣性质和钙质石灰基本相似。

## 2.3　钢渣

钢渣是炼钢时产生的工业固体废物，包括氧化铁和一些不溶物杂质，是炼钢时为脱氧、脱硫、脱磷而加入造渣剂的产物，也是转炉或电炉炼钢过程中为了去除钢液中杂质所产生的废渣。目前国内外常用的钢渣处理方法是热泼法、滚筒法、热闷法和加压蒸汽陈化法。其中热泼法可在排渣和冷却两方面节省大量时间，并且排渣量较大，方便机械化生产。热泼法的主要处理过程是首先将液态钢渣表面部分固体硬壳打开，随后进行热泼，单泼渣层厚为 50～100mm，每次热泼后平均自然冷却 15min（共泼 6 次），当表面温度下降到 700℃，大部分钢渣呈黑色且部分钢渣呈红色时，开始喷水冷却，在此过程中需要不断调整喷水量和喷水强度，经自然冷却到渣层表面温度降至 100℃ 以下时，可用推土机将钢渣铲出进行自然陈化。

图 2.3-1 钢渣集料

图 2.3-1 为河北省某钢厂经热泼工艺处理后自然陈化 2 个月以上的钢渣。

**1. 钢渣的物理性质**

钢渣是一种由多种矿物和玻璃态物质组成的集合体，由于化学成分及冷却条件不同造成钢渣外观形态、颜色差异很大。碱度较低的钢渣呈灰色，碱度较高的钢渣呈褐灰色、灰白色。渣块松散不粘结，质地坚硬，密孔隙较少。渣坨和渣壳结晶细密、界限分明、断口整齐。自然冷却的钢渣堆放一段时间后发生膨胀风化，变成土块状和粉状。

以河北省某钢厂生产的钢渣为例，采用扫描电子显微镜（SEM）探测钢渣表面的结构形貌特征，如图 2.3-2 所示。

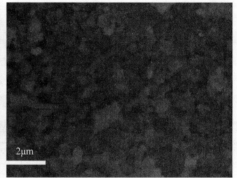

图 2.3-2 钢渣的 SEM 照片

由图 2.3-2 可知，钢渣的表面粗糙，孔隙众多，相比于表面平整的石灰岩，钢渣的粗糙表面为沥青争取了更多的浸润空间，从而提高了钢渣与胶凝材料的相互作用。以沥青类材料为例，集料与沥青粘结性能的好坏与集料本身孔隙数量呈正比，集料表面孔隙越多，粘结性能越好。无论是微孔数量还是孔隙尺寸，石灰岩都不及钢渣，因此从表面结构分析，钢渣与沥青的粘结力强于石灰岩与沥青的粘结力。

由于钢渣是在 1650℃高温下生成的，其矿物几乎全部都是结晶体，且钢渣中硅酸三钙、硅酸二钙晶粒粗大、完整，缺陷少，结晶坚硬，致使钢渣较难磨碎。以易磨指数表示，标准砂为 1.0，钢渣仅为 0.7，即钢渣比较难磨。以河北省某钢厂生产的钢渣为例，其物理力学性能如表 2.3-1 所示。

可知，钢渣粗集料的吸水率、表观密度较大，与碎石相比，本身存在较多孔隙，使得水更容易进入钢渣内部，影响钢渣的体积稳定性。钢渣粗集料抗压、抗磨耗性能优于普通碎石。压碎值、洛杉矶磨耗值可以反映集料抗压碎和抗车轮磨耗的能力，其值越低，越能说明所用材料力学性能优异，具有应用于公路建筑工程中的潜力。

钢渣的物理力学性能　　　　　　　　　　　　表 2.3-1

| 试验项目 | | | 试验结果 | 试验规程 |
|---|---|---|---|---|
| 密度试验 | 19～26.5mm | 表观相对密度(g/cm³) | 3.526 | T 0304—2005 |
| | | 吸水率(%) | 0.90 | |
| | 16～19mm | 表观相对密度(g/cm³) | 3.47 | |
| | | 吸水率(%) | 1.14 | |
| | 13.2～16mm | 表观相对密度(g/cm³) | 3.43 | |
| | | 吸水率(%) | 1.41 | |
| | 9.5～13.2mm | 表观相对密度(g/cm³) | 3.48 | |
| | | 吸水率(%) | 1.82 | |
| | 4.75～9.5mm | 表观相对密度(g/cm³) | 3.48 | |
| | | 吸水率(%) | 2.02 | |
| 压碎值(%) | | | 14.9 | T 0316—2005 |
| 洛杉矶磨耗值(%) | | | 14.4 | T 0317—2005 |
| 针片状含量(%) | | | 11.8 | T 0312—2005 |
| 含泥量(%) | | | 0.42 | T 0310—2005 |
| 沥青粘附性(级) | | | 5 | T 0316—2005 |

## 2. 钢渣的化学成分

转炉炼钢是目前我国主要的冶炼方式，转炉钢渣也占钢渣的绝大部分，其主要化学成分为 $CaO$、$SiO_2$、$MgO$、$Fe_2O_3$、$FeO$、$Fe$、$MnO$、$Al_2O_3$、$P_2O_5$ 以及游离氧化钙（f-CaO）等。以河北省某钢厂生产的钢渣为例，采用 X 射线荧光光谱仪对其化学成分进行检测，其主要化学成分见表 2.3-2。

钢渣的主要化学成分　　　　　　　　　　　表 2.3-2

| 化学成分 | CaO | SiO₂ | Al₂O₃ | Fe₂O₃ | MgO | SO₃ | P₂O₅ |
|---|---|---|---|---|---|---|---|
| 含量(%) | 54.3 | 12.20 | 1.92 | 15.94 | 13.75 | 0.44 | 1.65 |

钢渣中的主要化学成分虽然变化不大，但由于冶炼原材料和生产工艺的不同，含量有所波动。有研究者在早期提出，碱度是直接影响钢渣化学成分的首要因素，确立以钙、硅、磷氧化物含量来表示钢渣碱度的概念，并利用式（2-2）计算出此次试验所用钢渣的碱度：

$$M = \frac{w(CaO)}{w(SiO_2) + w(P_2O_5)} \tag{2-2}$$

按照碱度可将钢渣分为低、中、高碱度钢渣。$M < 1.8$ 称为低碱度钢渣，$M = 1.8 \sim 2.5$ 称为中碱度钢渣，$M > 2.5$ 称为高碱度钢渣。由式（2-2）计算得出，所使用的钢渣碱度钢为 3.9，属于高碱度钢渣。钢渣作为集料与沥青之间的粘结性是否良好是影响混合料性能的关键。可以判断，具有碱度特性的钢渣与弱酸性的沥青在粘结的过程中，两者会发生一系列的化学耦合作用，能更好地进行化学吸附，增强粘结力。

钢渣的一个显著特点是 CaO 含量高（含量为 25%～55%）。当铁被水化和氧化时，游离氧化钙（f-CaO）会导致钢渣体积不稳定。在高温煅烧中，f-CaO 会与 MgO、MnO 缓慢水化形成结构致密的固溶体，一旦延长浸泡时间，就能加速 f-CaO 的消解使其含量降低，从而增大钢渣体积膨胀的概率，具体反应如下：

$$CaO + H_2O \longrightarrow Ca(OH)_2$$

钢渣中的 f-CaO 含量在 10％以下，但 f-CaO 遇水反应生成 $Ca(OH)_2$ 固体时体积增加量为 91.7％。钢渣中的 f-CaO 安定性差，遇水反应生成 $Ca(OH)_2$ 晶体，随着水化反应的不断进行，晶体体积增大，对周围结构逐渐产生挤压作用，导致晶体周围膨胀应力集中且逐渐变大，造成钢渣体积膨胀。与之不同的是，钢渣中的 $C_2S$、$C_3S$ 等物质水化产生的 $Ca(OH)_2$ 却不会引发体积膨胀，这是因为其水化时产生了大量的水化硅酸钙（C-S-H）凝胶，这些 C-S-H 凝胶会将 $Ca(OH)_2$ 牢牢地包裹住，不会对钢渣的体积膨胀造成威胁，而钢渣中的 f-CaO 水化产生的 C-S-H 凝胶其粘结性能较差，不足以将生成的 $Ca(OH)_2$ 包裹在里面，导致大量的 $Ca(OH)_2$ 晶体裸露在钢渣表面，还会影响水化的速率。

不少学者认为，钢渣中的 f-CaO 含量、分布状态以及存在形式也会对钢渣的膨胀特性产生影响。颗粒状和弥散状是 f-CaO 在钢渣中存在的两种形式，其中颗粒状的 f-CaO 只分布在局部区域，对钢渣膨胀的影响不大，且数量很少；但弥散状的 f-CaO 分布广、数量多，对钢渣膨胀的影响巨大。

目前国内外学者大多认为 f-CaO 是造成钢渣膨胀的主要原因，但不少学者认为除了 f-CaO，f-MgO 也能在低碱度环境中发生水化反应。研究表明，钢渣中的 f-CaO 和 f-MgO 都会对钢渣的体积安定性造成影响，使钢渣作为公路材料受到限制。Lun 将钢渣砂制备成试件进行体积膨胀测试，在试件的胀裂点进行物相检测，发现胀裂处的物相有 MgO、$Mg(OH)_2$、$Ca(OH)_2$ 等，由此推断出 f-MgO 是导致钢渣膨胀的主要原因。

低碱度钢渣中，MgO 以镁蔷薇辉石等化合物的形式存在，不会影响钢渣的稳定性；高碱度钢渣中 f-MgO、RO 相[①]、镁铁尖晶石中都含有 MgO，镁铁尖晶石比较稳定，至于 RO 相的稳定性目前观点不统一：王会刚认为 RO 相不会对钢渣的体积安定性产生影响，这一结论与水热反应试验结论一致；也有学者认为 RO 相的稳定性受其组成成分影响；伦云霞指出 f-CaO 和 RO 相都会影响钢渣的体积稳定性；王强通过模拟 RO 相试验，结果得出 MgO-FeO-MnO 固溶体的水化速率受 FeO/MnO 比例影响；也有研究认为，钢渣的体积膨胀与其内部 FeS 和 MnS 的水化也有关系。

综上所述，钢渣的组成成分比较复杂，引起体积膨胀性的因素很多，但主要的影响因素为 f-CaO 和 f-MgO 的水化，其水化速率与分布状态、存在方式等因素有关。

## 2.4 粉煤灰

以煤为燃料的电厂排出的主要固体废物便是粉煤灰，其主要从烟道中排出，历经除尘器收集的固体颗粒，从本质层面分析是煤的非挥发物残渣，形成过程如下：首先，煤粉被持续性喷入炉膛内，气化温度较低的挥发分持续性逸出，并在燃烧作用下发热。由于挥发

---

① "RO 相"是指以 FeO、MgO 为主及 MnO 等其他二价的金属氧化物形成的固溶体。

分的外逸,促使煤粉转化成颗粒,具有一定的孔隙,伴随燃烧时间的推移,形成多孔性碳粒。其次,碳粒中有机物持续性燃烧,煤粉内脱水分解产物是氧化硅、氧化铝;硫化铁分解产物是氧化铁并释放一定的三氧化硫。因此,碳粒内夹杂部分无机物,待碳完全燃烧后,剩余颗粒成为多孔玻璃体,形态保持不变但表面积减少。最后,悬浮燃烧之后形成固体产物总和,包含三种产物,即漂灰、粉煤灰、炉底灰。

### 1. 粉煤灰的物理性质

通常肉眼观察粉煤灰,其形态为粉末状,呈现的颜色为银灰色或灰色,这与 Fe、Ca 氧化物的实际含量密切相关。粉煤灰的物理特性是其宏观反应,煤粉处于高温燃烧炉膛内,处于悬浮燃烧条件下,受热面高温吸热之后冷却形成粉煤灰,表面压力较大,颗粒多以球形为主,表面疏松多孔。其粒度从 $1\mu m$ 至数百微米不等,我国粉煤灰的平均粒度小于 $20\mu m$,比表面积范围为 $1500\sim3600cm^2/g$,粉煤灰中各类颗粒密度不尽相同,我国电厂呈现的粉煤灰实际密度为 $1.77\sim2.43g/m^3$,平均密度约 $2.1g/cm^3$。同样以我国河北省的粉煤灰为例,其外观观测结果和基本物理性质如表 2.4-1、表 2.4-2 所示。

粉煤灰外观观测结果　　　　　　　　　　　　表 2.4-1

| 粉煤灰类型 | 颜色 | 外观形态 | 气味 | 含水率(%) |
| --- | --- | --- | --- | --- |
| 原始粉煤灰 | 灰黑色 | 含水率大、部分成团 | 无特殊气味 | 28.4 |
| 烘干后粉煤灰 | 灰色 | 粉末状、易扬尘 | 无特殊气味 | 0 |

粉煤灰的基本物理性质　　　　　　　　　　　表 2.4-2

| 细度(%) | 密度(g/cm³) | 相对密度 | 比表面积(cm²/g) | 烧失量(%) | 塑性指数 |
| --- | --- | --- | --- | --- | --- |
| 37.3 | 2.12 | 2.2 | 5256 | 17.6 | 4.4 |

### 2. 粉煤灰的化学成分

粉煤灰主要由 $SiO_2$、$Al_2O_3$、$Fe_2O_3$、$CaO$ 等氧化物组成,并含有少量未燃炭残渣。由于燃煤种类、燃烧条件和收集方式等因素的差异,粉煤灰中主要氧化物的含量变化范围很大。粉煤灰主要氧化物的含量见表 2.4-3。

粉煤灰主要氧化物的含量　　　　　　　　　　表 2.4-3

| 化学成分 | $SiO_2$ | $Al_2O_3$ | $Fe_2O_3$ | $CaO$ | $MgO$ | $K_2O$ | 烧失量 |
| --- | --- | --- | --- | --- | --- | --- | --- |
| 含量(%) | 15~60 | 22~65 | 4~40 | 1~40 | 0.7~1.9 | 0.7~2.9 | 0.7~30 |

一般而言,粉煤灰的主要元素为 Si、Al、Fe、Ca 等,还有少量 Mg、Ti、S、K 和 Na。以我国河北省的粉煤灰为例,通过 XRF 对粉煤灰的化学成分进行分析,其化学成分组成如表 2.4-4 所示。

粉煤灰的化学成分组成　　　　　　　　　　　表 2.4-4

| 化学成分 | $SiO_2$ | $Al_2O_3$ | $Fe_2O_3$ | $CaO$ | $K_2O$ | $TiO_2$ | $MgO$ | $SO_3$ | $Na_2O$ | 其他 |
| --- | --- | --- | --- | --- | --- | --- | --- | --- | --- | --- |
| 含量(%) | 52.69 | 34.82 | 3.79 | 2.61 | 1.53 | 1.13 | 1.04 | 0.80 | 0.65 | 0.94 |

粉煤灰内部矿物质构成是其品质核心指标,直接决定其化学成分,由大量实践表明,

其内部矿物相玻璃质微珠占比较大，其次是结晶相。依据粉煤灰化学成分组成的差异性，粉煤灰可以分为多种类型。我国依据粉煤灰中氧化铝含量的不同，将粉煤灰分为高铝粉煤灰和普通粉煤灰。高铝粉煤灰中 $Al_2O_3$ 含量为 $45\%\sim65\%$，$Al_2O_3$ 和 $SiO_2$ 总含量为 $80\%$ 左右；普通粉煤灰中 $Al_2O_3$ 含量通常低于 $27\%$，$SiO_2$ 含量为 $50\%$ 左右。美国材料与试验协会（ASTM）根据粉煤灰中氧化物及烧失量差异将粉煤灰划分为 C 型粉煤灰和 F 型粉煤灰。F 型粉煤灰中的 CaO 含量一般介于 $1\%\sim12\%$，原料主要为烟煤或无烟煤；而 C 型粉煤灰中的 CaO 含量高达 $30\%\sim40\%$，原料主要为褐煤或亚烟煤。

# 第3章 煤矸石的资源化利用

## 3.1 煤矸石在路基中的应用

### 1. 路基填料煤矸石的基本性能研究

（1）击实特性

本节根据《公路土工试验规程》JTG 3430—2020 中 T 0131—2019 进行击实试验，按照击实试验方法选用重型Ⅱ-2进行试验，击实试验结果如图 3.1-1、表 3.1-1 所示。

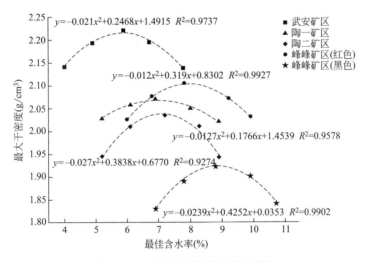

图 3.1-1 不同矿区煤矸石击实曲线

不同地区煤矸石的最佳含水率 $w_{opt}$ 及最大干密度 $\rho_{dmax}$      表 3.1-1

| 类别 | 武安矿区 | 峰峰矿区 | | 陶一矿区 | 陶二矿区 |
| --- | --- | --- | --- | --- | --- |
| | | 黑色 | 红色 | | |
| 最佳含水率 $w_{opt}$（%） | 5.8 | 8.9 | 8.0 | 6.9 | 7.2 |
| 最大干密度 $\rho_{dmax}$（g/cm³） | 2.216 | 1.723 | 2.103 | 2.067 | 2.033 |

根据图 3.1-1 击实试验结果，5 个地区煤矸石的最佳含水率相差不大，武安矿区煤矸石的最佳含水率和最大干密度均为最值，分别为 5.8% 和 2.216g/cm³，可以分析为武安矿区煤矸石的质地较为密实，硬度较高，颗粒级配较为优良，击实功达到最佳效果。

（2）承载能力

为研究煤矸石用于路堤填料的稳定性，根据《公路土工试验规程》JTG 3430—2020 中 T 0134—2019 进行试验，确定煤矸石的承载比、浸水膨胀率以及吸水量，试验结果如表 3.1-2 所示。

**不同地区煤矸石的承载比试验结果**　　　　　　　　　表 3.1-2

| 煤矸石类型 | 武安矿区 | 峰峰矿区 | | 陶一矿区 | 陶二矿区 |
|---|---|---|---|---|---|
| | | 黑色 | 红色 | | |
| 承载比(%) | 49.7 | 32.3 | 29.8 | 35.6 | 38.7 |
| 浸水膨胀率(g/cm³) | 6.5 | 5.1 | 4.8 | 5.2 | 5.7 |
| 吸水量(g) | 131 | 113 | 89 | 107 | 124 |

根据表 3.1-2 承载比试验结果，煤矸石的承载比均能满足《公路路基施工技术规范》JTG/T 3610—2019 中对路堤填料最小承载比的要求。

**2. 试验方案与试验仪器**

通过对河北省不同矿区的煤矸石进行调研发现，煤矸石排放过程中其颗粒级配并不均匀，粒径分布不良，若将其用于路基填筑可能会存在一定的质量病害，并且由于煤矸石质地相对较软，在压实过程中会出现破碎现象，从而影响压实效果，本节主要对武安矿区煤矸石的颗粒级配进行调整，将煤矸石中 0～5mm 粒径范围内的细集料（$P_5$）含量调整为 10%～70%，共 7 组煤矸石混合料。对不同 $P_5$ 含量的煤矸石混合料的击实特性、承载特性以及渗透特性进行分析，并对比分析土和粉煤灰掺量分别为 10%～70% 的 7 组煤矸石混合料的击实特性、承载特性和变形特性。

击实特性主要借助击实试验确定不同 $P_5$ 含量下煤矸石混合料的最佳含水率 $w_{opt}$ 和最大干密度 $\rho_{dmax}$ 之间的关系，承载特性主要通过 CBR（Califomia Bearing Ratio，即加州承载比）试验确定不同 $P_5$ 含量的承载比、浸水膨胀率以及吸水率，分析 $P_5$ 含量与三者之间的关系，渗透特性借助常水头渗透试验确定 $P_5$ 含量与渗透系数之间的关系，变形特性主要分析煤矸石混合料抵抗塑性变形的能力，最后对比分析不同 $P_5$ 含量、不同土掺量以及不同粉煤灰掺量下对煤矸石混合料路用性能的改善效果。

主要试验仪器如图 3.1-2～图 3.1-6 所示。

图 3.1-2　电动击实仪

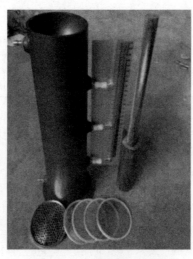
图 3.1-3　常水头渗透仪

图 3.1-4　直剪仪

图 3.1-5　SANS 压缩试验机　　　　　　图 3.1-6　承载比（CBR）试验

### 3. 煤矸石的颗粒级配设计

颗粒级配是影响煤矸石压实度的重要因素，煤矸石属于一种特殊的岩性，质地较软，经过日积月累的风吹日晒雨淋及冻融变化气候条件，某些煤矸石山外层的煤矸石已经变得极其易碎，导致其颗粒级配不均匀，由于煤矸石的颗粒组成对路基填料的压实特性、渗透特性以及承载特性都会产生相应的影响，因此，分析煤矸石的颗粒组成及破碎规律对煤矸石用于路基填料的可行性十分必要。

本节主要分析武安矿区煤矸石，对不同 $P_5$ 含量的煤矸石进行筛分试验，确定不同 $P_5$ 含量下煤矸石混合料的颗粒级配分布，调整后煤矸石混合料的颗粒级配分布如表 3.1-3 所示。不同 $P_5$ 含量下煤矸石混合料的颗粒级配曲线如图 3.1-7 所示。

不同 $P_5$ 含量下煤矸石混合料的颗粒级配分布　　　　表 3.1-3

| $P_5$ 含量（%） | | 10 | 20 | 30 | 40 | 50 | 60 | 70 |
|---|---|---|---|---|---|---|---|---|
| 孔径（mm） | 40 | 100 | 100 | 100 | 100 | 100 | 100 | 100 |
| | 20 | 71.3 | 75.4 | 79.8 | 82.4 | 86.5 | 89.3 | 91.6 |
| | 10 | 35.4 | 38.9 | 47.5 | 69.4 | 77.4 | 79.7 | 82.5 |
| | 5 | 10 | 20 | 30 | 40 | 50 | 60 | 70 |
| | 2 | 4.6 | 7.1 | 11.7 | 22.1 | 25.1 | 27.1 | 39.2 |
| | 1 | 2.7 | 3.6 | 5.1 | 14.5 | 16.9 | 13.1 | 13.3 |
| | 0.5 | 1.2 | 1.7 | 2.9 | 7.9 | 8.4 | 6.4 | 7.1 |
| | 0.25 | 0.5 | 0.8 | 1.4 | 4.6 | 5.1 | 3.2 | 3.8 |
| | 0.075 | 0.3 | 0.4 | 0.6 | 0.9 | 1.2 | 1.4 | 1.7 |
| 不均匀系数 | $C_u$ | 3.4 | 5.9 | 8.0 | 12.7 | 11.5 | 6.5 | 5.5 |
| 曲率系数 | $C_c$ | 0.9 | 1.4 | 1.5 | 2 | 1.7 | 1.3 | 0.9 |

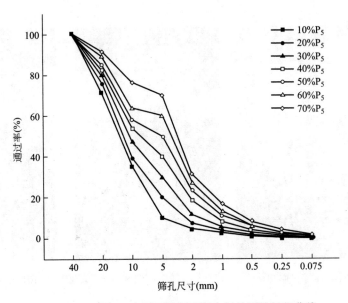

图 3.1-7　不同 $P_5$ 含量下煤矸石混合料的颗粒级配曲线

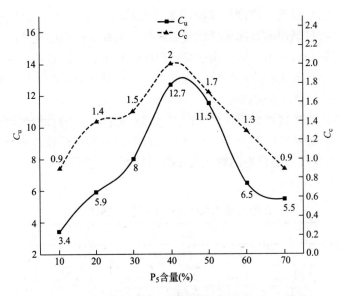

图 3.1-8　不同 $P_5$ 含量下煤矸石混合料 $C_u$ 和 $C_c$ 变化

根据图 3.1-8 可知，随着 $P_5$ 含量的增大，不均匀系数和曲率系数均呈现先增大后减小的变化趋势，10％和70％的含量其曲率系数小于1，级配不良，在 $P_5$ 含量为20％～60％之间时，$C_u$ 和 $C_c$ 均满足级配要求，煤矸石混合料的颗粒级配从骨架密实型逐渐过渡到悬浮密实型，颗粒级配从不良转变为良好。

**4．煤矸石的路基性能分析**

（1）击实特性

煤矸石遇水后易发生崩解软化，导致煤矸石的路基结构发生变化，进而会对路基上部结构产生不利影响，因此，本节主要研究不同 $P_5$ 含量下煤矸石混合料与击实特性的关系，

确定不同 $P_5$ 含量与最佳含水率 $w_{op}$ 及最大干密度 $\rho_{dmax}$ 之间的关系。

根据《公路土工试验规程》JTG 3430—2020 中 T 0131—2019 进行试验，按照表 3.1-4 所示击实试验方法选用重型Ⅱ-2 进行试验，击实试验结果如表 3.1-5 所示。

**击实试验方法**　　　　　　　　　　　　　　　　　　表 3.1-4

| 试验方法 | 类别 | 锤底直径（mm） | 锤质量（kg） | 落高（cm） | 试筒尺寸 | | 试样尺寸 | | 层数 | 每层击数 |
| --- | --- | --- | --- | --- | --- | --- | --- | --- | --- | --- |
| | | | | | 内径（cm） | 高（cm） | 高度（cm） | 体积（cm³） | | |
| 轻型 | Ⅰ-1 | 5 | 2.5 | 30 | 10 | 12.7 | 12.7 | 997 | 3 | 27 |
| | Ⅰ-2 | 5 | 2.5 | 30 | 15.2 | 17 | 12 | 2177 | 3 | 59 |
| 重型 | Ⅱ-1 | 5 | 4.5 | 45 | 10 | 12.7 | 12.7 | 997 | 3 | 27 |
| | Ⅱ-2 | 5 | 4.5 | 45 | 15.2 | 17 | 12 | 2177 | 3 | 98 |

**不同 $P_5$ 含量下煤矸石混合料的击实试验结果**　　　　　表 3.1-5

| $P_5$ 含量(%) | 10 | 20 | 30 | 40 | 50 | 60 | 70 |
| --- | --- | --- | --- | --- | --- | --- | --- |
| $w_{opt}$(%) | 5.4 | 6.1 | 6.5 | 7.4 | 8.1 | 8.5 | 9.2 |
| $\rho_{dmax}$(g/cm³) | 2.212 | 2.223 | 2.226 | 2.221 | 2.212 | 2.200 | 2.201 |

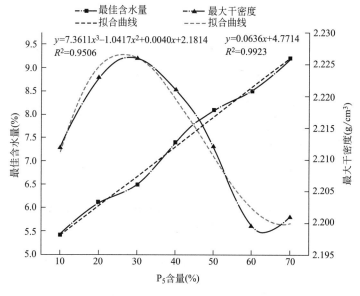

图 3.1-9　不同 $P_5$ 含量下煤矸石混合料击实曲线变化趋势

由图 3.1-9 可以看出，随着 $P_5$ 含量的增加 $w_{op}$ 逐渐增大，$\rho_{dmax}$ 先增大后减小，$P_5$ 含量从 10% 增大至 70%，其 $w_{op}$ 从 5.4% 增大至 9.2%，在 $P_5$ 含量为 30% 时，其 $\rho_{dmax}$ 达到最大值，这主要与煤矸石的颗粒级配有关，当 $P_5$ 含量小于 30% 时，煤矸石混合料中的粗集料较多，在击实过程中由于细集料较少，颗粒之间较容易形成较大的空隙，而造成击实功未能完全转换。当 $P_5$ 含量小于 30% 时，$\rho_{dmax}$ 达到最大值，此时颗粒级配最佳，在击实功作用下煤矸石混合料能够形成致密的结构体，而不会出现过大的孔隙，当 $P_5$ 含量大于

30％并逐渐增多时，其细集料逐渐增多，煤矸石混合料在一定击实功的作用下，通过固结排水来形成致密的结构，孔隙水在压密过程中慢慢排出。

综上，煤矸石混合料的颗粒级配决定其压密特性，在 $P_5$ 含量为30％时煤矸石混合料能够达到的最大干密度，形成压实致密的结构体。

（2）渗透特性

1）$P_5$ 含量与渗透系数的关系

对不同 $P_5$ 含量的煤矸石混合料按照《公路土工试验规程》JTG 3430—2020 中 T 0129—1993 进行常水头渗透试验，试验结果如表 3.1-6 及图 3.1-10 所示。

**不同 $P_5$ 含量下煤矸石混合料的渗透系数** 　　　　　表 3.1-6

| $P_5$ 含量（％） | 10 | 20 | 30 | 40 | 50 | 60 | 70 |
|---|---|---|---|---|---|---|---|
| 渗透系数（$10^{-6}$cm/s） | 734 | 801 | 763 | 685 | 319 | 102 | 56 |

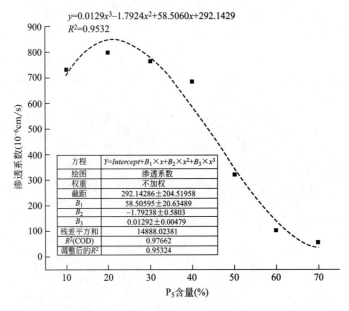

图 3.1-10　不同 $P_5$ 含量下煤矸石混合料的渗透系数变化趋势

根据图 3.1-10 结果表明，$P_5$ 含量与渗透系数为三次拟合线性关系，随着 $P_5$ 含量的增加，渗透系数先增加后减小然后又增大，在 $P_5$ 含量为20％左右时渗透系数最大，最大值为 $801\times10^{-6}$cm/s，分析原因可能是当细集料含量较少时，其内部含有较多的粗集料，使得煤矸石混合料内部存在一定的孔隙，使水分能够较快地通过，随着细集料的不断增多，密实度提高、内部孔隙减小，从而水分不易通过，渗透系数随之减小。

2）$P_5$ 含量与渗水时间的关系

根据对煤矸石混合料抗渗性能的研究，借助相同的试验装置对不同 $P_5$ 含量下煤矸石混合料的渗水时间进行试验，以试件渗透的时间差来表征煤矸石试件的抗渗性能，根据河北省自然环境以及雨期周期来看，渗水时间以 14d 为试验周期，试验结果如表 3.1-7 所示。

**不同 P₅ 含量下煤矸石混合料的渗水时间** 表 3.1-7

| P₅ 含量(%) | 10 | 20 | 30 | 40 | 50 | 60 | 70 |
|---|---|---|---|---|---|---|---|
| 渗水时间(h) | 6.4 | 23.2 | 59.3 | 143.5 | 204.6 | 311.6 | 未渗透 |

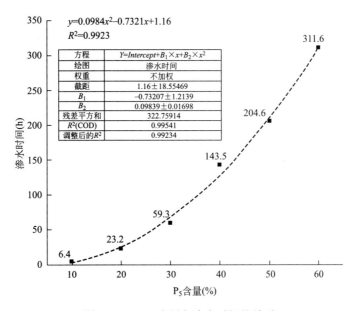

图 3.1-11　P₅ 含量与渗水时间的关系

图 3.1-11 试验结果表明，随着 P₅ 含量的增加，煤矸石混合料的渗水时间不断延长，当 P₅ 含量在 10%～30% 时，其增长相对缓慢，当 P₅ 含量大于 30% 以后，渗水时间基本呈正比例增长，增长趋势较快，抵抗水损害的能力也逐渐增强，对提高路基稳定性具有较好的效果。

（3）承载特性

为研究不同 P₅ 含量对煤矸石混合料承载能力的影响，按照《公路土工试验规程》JTG 3430—2020 中 T 0134—2019 进行承载比（CBR）试验，确定不同 P₅ 含量下煤矸石混合料的承载比、浸水膨胀率以及吸水量，分析 P₅ 含量与三者之间存在的关系及影响。

1）P₅ 含量与承载比的关系

根据 CBR 试验，不同 P₅ 含量下煤矸石混合料的承载比如表 3.1-8 和图 3.1-12 所示。

**不同 P₅ 含量下煤矸石混合料的承载比** 表 3.1-8

| P₅ 含量(%) | 10 | 20 | 30 | 40 | 50 | 60 | 70 |
|---|---|---|---|---|---|---|---|
| 承载比(%) | 67.8 | 54.1 | 43.4 | 42.6 | 50.9 | 63.8 | 77.6 |

由图 3.1-12 可以看出，随着 P₅ 含量的增加，煤矸石混合料的承载比先减小后增大，P₅ 含量从 10% 增加到 30%，其承载比从 67.8% 减小到 43.4%，根据拟合曲线，最小值点的 P₅ 含量为 36.9%，承载比为 44.1%；P₅ 含量从最小值点增大至 70% 时，其承载比从 44.1% 增大到 77.6%。有研究表明，随着 P₅ 含量的增加，其抗剪强度先减小后增大，其承载能力也先减小后增大。

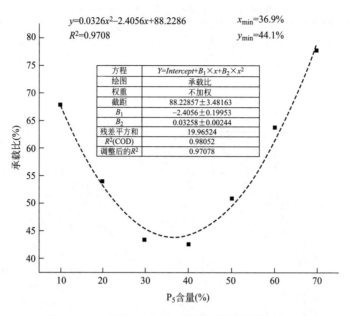

图 3.1-12　不同 $P_5$ 含量下煤矸石混合料的承载比

2）$P_5$ 含量与浸水膨胀率的关系

根据 CBR 试验，不同 $P_5$ 含量下煤矸石混合料的浸水膨胀量的试验结果如表 3.1-9 及图 3.1-13 所示，浸水膨胀率计算按式（3-1）计算。

$$\delta_e = \frac{H_1 - H_0}{H_0} \times 100\%$$ （3-1）

式中　$\delta_e$——试件浸水后的膨胀率，计算值 0.1%；

$H_1$——试件浸水终了的高度（mm）；

$H_2$——试件初始高度（mm）。

不同 $P_5$ 含量下煤矸石混合料的浸水膨胀率　　　　　　　　　表 3.1-9

| $P_5$ 含量(%) | 10 | 20 | 30 | 40 | 50 | 60 | 70 |
|---|---|---|---|---|---|---|---|
| 浸水膨胀量(mm) | 0.07 | 0.09 | 0.12 | 0.11 | 0.10 | 0.08 | 0.09 |
| 浸水膨胀率(%) | 5.8 | 8.2 | 9.8 | 8.9 | 8.3 | 6.9 | 7.4 |

由图 3.1-13 可以看出，煤矸石混合料的浸水膨胀率变化较小，$P_5$ 含量为 10% 时其浸水膨胀率最小，最小值为 5.8%，$P_5$ 含量为 30% 时其浸水膨胀率最大，最大值为 9.8%，随着 $P_5$ 含量的增加，浸水膨胀率整体变化趋势为先增加后减小。

3）$P_5$ 含量与吸水量的关系

根据 CBR 试验，不同 $P_5$ 含量下煤矸石混合料的吸水量的试验结果如表 3.1-10 所示。

不同 $P_5$ 含量下煤矸石混合料的吸水量　　　　　　　　　表 3.1-10

| $P_5$ 含量(%) | 10 | 20 | 30 | 40 | 50 | 60 | 70 |
|---|---|---|---|---|---|---|---|
| 吸水量(g) | 139 | 127 | 108 | 91 | 63 | 48 | 39 |

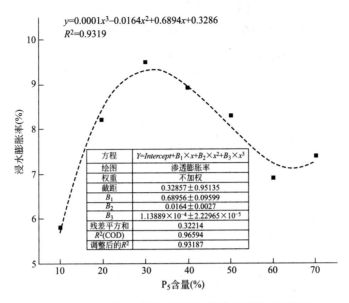

图 3.1-13　不同 $P_5$ 含量下煤矸石混合料的浸水膨胀率

图 3.1-14 表明，随着 $P_5$ 含量的增加，煤矸石混合料的吸水量呈逐渐下降趋势，$P_5$ 含量为 10％时，其浸泡 4d 后的吸水量为 139g，当 $P_5$ 含量为 70％时，其浸泡 4d 后的吸水量为 39g，下降率为 71.9％，主要是因为随着 $P_5$ 含量的增大，煤矸石混合料中细集料所占比例增大，降低了煤矸石混合料的渗透系数，使得煤矸石混合料抵抗水侵蚀能力增强。

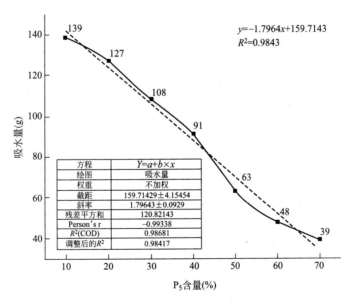

图 3.1-14　不同 $P_5$ 含量下煤矸石混合料的吸水量

4）$P_5$ 含量与抗剪强度的关系

按照《公路土工试验规程》JTG 3430—2020 中 T 0140—2019 直剪试验方法，对不同 $P_5$ 含量下的煤矸石混合料进行剪切试验，抗剪强度是煤矸石的力学特性指标，具有十分重要的参考价值，可用来确定不同 $P_5$ 含量下煤矸石混合料在压实度为 93％时的黏聚力 $C$ 和内摩擦角 $\phi$ 的变化关系，直剪试验结果如表 3.1-11 所示。

**不同 $P_5$ 含量下煤矸石混合料的直剪试验结果** 表 3.1-11

| $P_5$ 含量(％) | 10 | 20 | 30 | 40 | 50 | 60 | 70 |
|---|---|---|---|---|---|---|---|
| 黏聚力 $C$(kPa) | 18 | 19 | 21 | 29 | 38 | 47 | 51 |
| 内摩擦角 $\phi$(°) | 37.0 | 36.8 | 36.1 | 35.4 | 34.7 | 33.2 | 32.5 |

图 3.1-15 所示直剪试验结果表明，随着 $P_5$ 含量的增加，煤矸石混合料的黏聚力逐渐增大，内摩擦角逐渐减小，可以看出煤矸石混合料的强度特性主要由粗细集料的性质来决定，当 $P_5$ 含量小于 30％时，其抗剪强度主要受粗集料特性影响，骨架之间空隙较大不易完全压实，从而易形成骨架结构，所以其黏聚力和内摩擦角的变化趋势不太明显，当 $P_5$ 含量大于 60％时，其抗剪强度主要由细集料性质决定，当 $P_5$ 含量在 30％～60％时，其抗剪强度受粗、细集料的共同作用影响，适当增减细集料颗粒含量，可以改善煤矸石混合料的固结压密性，使煤矸石的水稳性质得到改善。

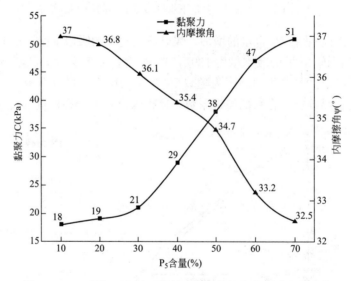

图 3.1-15　不同 $P_5$ 含量下煤矸石混合料的抗剪强度变化趋势

有学者对不同含水率和不用干密度下煤矸石混合料的抗剪强度进行了室内试验分析，结果表明：随着含水率的增加，黏聚力先增大后减小，而内摩擦角逐渐减小，说明抗剪强度变化主要与细集料含量的多少有关；随着干密度增大，煤矸石的黏聚力和内摩擦角均逐渐增大，并且黏聚力的增长幅度大于内摩擦角。

5. 掺入土和粉煤灰对煤矸石路基性能研究

《高速公路煤矸石填筑路基施工技术规程》DB13/T 5054—2019 中提出为了保证煤矸石路基稳定性，可以掺入一定比例的土或者粉煤灰来控制，并且可以有效改善煤矸石中粗集料含量较多、黏聚力较差等问题，因此本节主要对不同掺量的土和粉煤灰的煤矸石路基填料在击实特性、承载特性和压缩特性三个方面进行室内试验研究。

（1）对煤矸石击实特性的影响

按照《公路土工试验规程》JTG 3430—2020 中 T 0131—2019 进行试验，确定 10％～70％的 7 组土和粉煤灰掺量与煤矸石混合料的最佳含水量 $w_{op}$、最大干密度 $\rho_{dmax}$ 之间的变化规律，试验结果如表 3.1-12 所示。

土与粉煤灰不同掺量下煤矸石混合料的击实试验结果　　　　　表 3.1-12

| 掺量（％） | | 10 | 20 | 30 | 40 | 50 | 60 | 70 |
|---|---|---|---|---|---|---|---|---|
| 土 | $w_{op}$（％） | 5.8 | 6.4 | 6.9 | 7.6 | 8.3 | 8.8 | 9.7 |
| | $\rho_{dmax}$（g/cm³） | 2.149 | 2.154 | 2.158 | 2.151 | 2.138 | 2.131 | 2.136 |
| 粉煤灰 | $w_{op}$（％） | 6.2 | 7.1 | 8.2 | 9.1 | 9.7 | 10.3 | 11.3 |
| | $\rho_{dmax}$（g/cm³） | 2.104 | 1.891 | 1.736 | 1.662 | 1.647 | 1.622 | 1.614 |

由图 3.1-16 可以看出，掺土煤矸石混合料的最佳含水量呈一定的线性关系，随着土掺量的逐渐增多，最佳含水量从 5.8％增大至 9.7％，最大干密度先增大后减小再增大，最大值为 2.158g/cm³，此时土掺量为 30％，与不同 $P_5$ 含量的最大干密度变化趋势较为接近，原因是当土掺量较少时，土体可以填补煤矸石中的孔隙，击实功效果更加充分，增强了整体的密实度，当土掺量增大以后，煤矸石粗集料减少，颗粒之间的接触面积增大，使得干密度逐渐减小，而含水量逐渐增大。

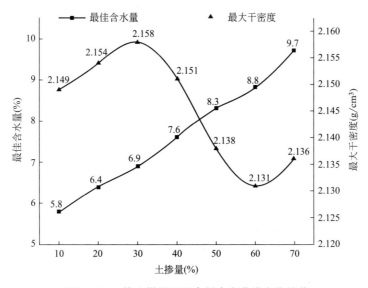

图 3.1-16　掺土煤矸石混合料击实曲线变化趋势

由图 3.1-17 可知，随着粉煤灰掺量的增加，最佳含水量逐渐增大，从 6.2％增大至 11.3％，相同掺量下粉煤灰煤矸石混合料的含水量均高于掺土煤矸石混合料，而土颗粒较粉煤灰而言比表面积较小，其吸水性小于粉煤灰，使得掺土煤矸石混合料的最佳含水量均小于掺粉煤灰煤矸石混合料。掺粉煤灰煤矸石混合料的最大干密度逐渐减小，从 2.104g/cm³ 逐渐减小至 1.614g/cm³，均小于掺土煤矸石，主要是由于粉煤灰的性质而决定，粉煤灰细度大于素土，更易于填充煤矸石的孔隙，相同掺量下粉煤灰煤矿石结构更为紧密，击实效果更加明显，故干密度大于掺土煤矸石混合料。

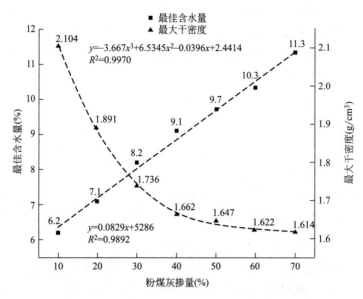

图 3.1-17　掺粉煤灰煤矸石混合料击实曲线变化趋势

（2）对煤矸石承载特性的影响

按照《公路土工试验规程》JTG 3430—2020 中 T 0134—2019 试验方法，对不同土掺量和粉煤灰掺量的煤矸石混合料进行承载比试验，确定土掺量和粉煤灰掺量与承载比、浸水膨胀率和吸水性之间的关系，承载比试验结果如表 3.1-13 所示。

土与粉煤灰不同掺量下煤矸石混合料的 CBR 试验　　　　　表 3.1-13

| 掺量（%） | | 10 | 20 | 30 | 40 | 50 | 60 | 70 |
|---|---|---|---|---|---|---|---|---|
| 土 | 承载比（%） | 31.2 | 38.7 | 45.6 | 53.7 | 63.1 | 71.5 | 77.6 |
| | 膨胀量（mm） | 0.12 | 0.14 | 0.16 | 0.18 | 0.21 | 0.22 | 0.24 |
| | 膨胀率（%） | 9.7 | 11.5 | 13.7 | 15.3 | 17.4 | 18.6 | 19.9 |
| | 吸水量（g） | 61 | 72 | 86 | 97 | 107 | 124 | 141 |
| 粉煤灰 | 承载比（%） | 42.1 | 43.4 | 46.5 | 41.8 | 34.1 | 28.4 | 19.2 |
| | 膨胀量（mm） | 0.10 | 0.09 | 0.11 | 0.12 | 0.14 | 0.16 | 0.17 |
| | 膨胀率（%） | 8.3 | 7.5 | 9.2 | 10 | 11.7 | 13.3 | 14.2 |
| | 吸水量（g） | 96 | 86 | 81 | 94 | 115 | 134 | 141 |

图 3.1-18 所示试验结果表明，随着土掺量的增加，混合料的承载比、浸水膨胀率和吸水量逐渐增大，承载比在 31.2%～77.6% 之间。当粉煤灰掺量为 30% 时，其最大值承载比为 46.5%；随着粉煤灰掺量的增加，浸水膨胀率从 8.3% 增大至 14.2%，吸水量先减小后增大，在粉煤灰掺量为 30% 时，其吸水量最小为 81g，之后逐渐递增，最大吸水量为141g。结果表明：掺加土或者粉煤灰都能够提高煤矸石混合料的承载能力，均满足规范中最小承载比要求，可以显著提高煤矸石混合料的整体固结特性和承载能力。随着粉煤灰掺量的增加，煤矸石混合料的承载比出现先增大后减小的变化趋势，原因可能是由于粉煤灰不易溶于水，但由于粉煤灰掺量的增加，煤矸石混合料中的自由水过多使得结构体变得松

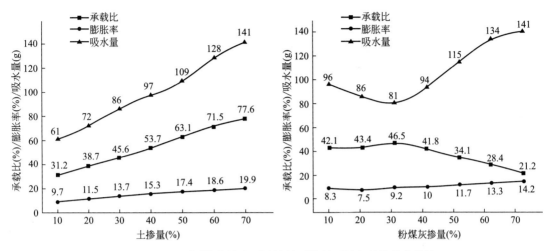

图 3.1-18　不同掺合料及不同掺量下煤矸石混合料的承载特性

散而整体稳定性降低，在粉煤灰掺量为 30％时，其能够与煤矸石形成致密的结构体，此时整体稳定性最佳，抵抗变形效果最好。

（3）对煤矸石压缩特性的影响

按照《公路土工试验规程》JTG 3430—2020 中 T 0147—1993 试验方法对不同土和粉煤灰掺量下煤矸石混合料以及不同 $P_5$ 含量下的煤矸石混合料进行三轴压缩试验，试验结果如表 3.1-14 所示，压缩系数与土掺量、粉煤灰掺量、$P_5$ 含量之间的关系如图 3.1-19 所示。

不同土和粉煤灰掺量以及 $P_5$ 含量下煤矸石混合料的压缩系数（$MPa^{-1}$）　表 3.1-14

| 掺量（％） | 0 | 10 | 20 | 30 | 40 | 50 | 60 | 70 |
|---|---|---|---|---|---|---|---|---|
| 土 | 0.086 | 0.071 | 0.056 | 0.043 | 0.047 | 0.045 | 0.044 | 0.045 |
| 粉煤灰 | 0.086 | 0.07 | 0.051 | 0.038 | 0.041 | 0.039 | 0.040 | 0.041 |
| $P_5$ | 0.086 | 0.081 | 0.076 | 0.071 | 0.063 | 0.054 | 0.052 | 0.051 |

根据图 3.1-19 压缩试验结果表明，整体压缩系数变化较小，呈上下浮动型增减，土掺量为 30％时其压缩系数最小，为 0.043$MPa^{-1}$，根据击实试验得出的最大干密度曲线中可以看出，在土掺量为 30％时，其最大干密度为 2.158g/cm³，说明当土掺量为 30％左右时，其改善煤矸石的效果最佳，能够充分地增大整体稳定性，具有较好的路用性能；当粉煤灰掺量大于 30％时，其压缩系数变化浮动较小，最小值为 0.038 $MPa^{-1}$，对比不同掺量的土和粉煤灰混合料可以看出，掺土煤矸石的压缩系数稍大于掺粉煤灰煤矸石的压缩系数，说明掺入粉煤灰后煤矸石的整体稳定性更为优良，而不同 $P_5$ 含量煤矸石混合料的压缩系数变化较大，随着 $P_5$ 含量的增大，其压缩系数逐渐减小，在 $P_5$ 含量超过 50％后其压缩系数变化趋于稳定，说明 $P_5$ 含量 50％左右时其整体稳定性较好，掺土或粉煤灰煤矸石混合料均小于不同 $P_5$ 含量煤矸石混合料的压缩系数，说明掺入土或粉煤灰后可以提高煤矸石路基的整体稳定性能，不易于被压缩，具有较高的承载变形能力。

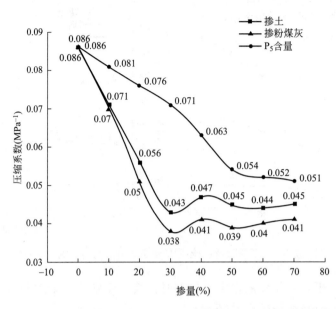

图 3.1-19　不同土和粉煤灰掺量以及 $P_5$ 含量下煤矸石混合料的压缩系数变化趋势

### 6. 小结

为研究煤矸石作为路基填料的可行性，本节借助室内试验开展路用性能分析，首先确定煤矸石作为路基填料的技术指标及理化特性，分析煤矸石的颗粒级配，根据不同 $P_5$ 含量下煤矸石混合料的级配变化分析相应的力学特性，对不同 $P_5$ 含量、不同土掺量和不同粉煤灰掺量的煤矸石混合料进行击实特性、渗透特性、承载特性以及压缩特性四个方面对力学性能进行分析，主要结论有如下几点：

1）对不同 $P_5$ 含量的煤矸石混合料通过筛分试验表明，随着 $P_5$ 含量的增加，混合料级配逐渐从骨架密实向悬浮密实过渡，且级配分布良好；

2）通过击实试验表明，随着 $P_5$ 含量的增加，煤矸石混合料的最佳含水量呈现逐渐增大的线性曲线，最大干密度先增大后减小后又增大的三次线性关系，在30%时达到最大值为 $2.226g/cm^3$，此时含水量为6.5%；

3）不同 $P_5$ 含量煤矸石混合料常水头渗透试验结果表明，随着 $P_5$ 含量的增加，渗透系数先增加后减小，透水性逐渐降低，$P_5$ 含量为20%时渗透系数达到峰值，最大渗透系数为 $801×10^{-6}cm/s$，当 $P_5$ 含量为20%～60%时，渗透系数呈直线下降，说明增加细颗粒含量可以减小渗透系数，当 $P_5$ 含量小于20%时，其渗透系数主要与粗集料的性质有关，大于30%时，渗透系数与细集料的性质有关，属于弱渗透性材料；

4）承载比（CBR）试验结果表明，随着 $P_5$ 含量的增加，煤矸石混合料的承载比先减小后增加，当 $P_5$ 含量为30%～40%时，出现最小值在42.6%左右，但均满足规范中对路基最小承载比的要求，浸水膨胀率与 $P_5$ 含量呈现三次线性变化关系，在30%时最大值为9.8%，随着 $P_5$ 含量的增加，浸水96h后的吸水量逐渐减小；

5）不同土和粉煤灰掺量的煤矸石混合料击实特性、承载特性以及压缩特性的试验结果表明：随着土掺量的增加，煤矸石混合料的最佳含水量逐渐增大，最大干密度先增大后减小再增大，其承载比、浸水膨胀率、吸水率均逐渐增大；随着粉煤灰掺量的增加，其最佳含水量逐渐增大，最大干密度逐渐减小，承载比先增大后减小，在30%左右时其承载比最大，浸水膨胀率逐渐增大，吸水率先减小后增大，在30%左右吸水率最小。通过压缩特性可以看出，掺土煤矸石混合料在掺量为30%时压缩系数最小，说明掺土30%时其结构最为稳定，改良效果最佳；掺粉煤灰煤矸石混合料的掺量为30%时其承载比最佳，并且压缩系数最小；

6）根据室内试验分析结果，推荐用于路基填料煤矸石的最佳 $P_5$ 含量为50%～60%，根据对掺土和粉煤灰的室内试验研究分析，考虑到施工工艺的难易以及经济性，推荐最佳土和粉煤灰掺量均在30%左右。

## 3.2 煤矸石在基层中的应用

**1. 电石渣、粉煤灰稳定煤矸石底基层应用研究**

（1）煤矸石底基层强度机理与试验方案

煤矸石表面粗糙多棱角，相互之间嵌挤形成骨架，骨架间空隙被煤矸石细颗粒、电石渣、粉煤灰填充，经碾压后，混合料内部孔隙大大降低，各物质颗粒嵌挤和结合料粘结使混合料产生初期强度，此时强度较低且不稳定。随着时间推移电石渣水解为 $Ca(OH)_2$，粉煤灰和煤矸石中含有大量火山灰性成分，在合适温度、湿度的碱性环境下易发生火山灰反应，生成C-S-H和水化铝酸钙（C-A-H），呈凝胶状和纤维状，起到粘结作用，同时 $Ca(OH)_2$ 结晶和空气中的 $CO_2$ 发生碳化作用也为混合料提供强度。随着养护时间增长火山灰反应产物增多使得混合料的内部结构发生改变，成为更加稳定的方解石结构，使得强度大幅增高。以下为煤矸石混合料化学反应过程。

$$CaO+H_2O \longrightarrow Ca(OH)_2$$
$$Ca(OH)_2+CO_2 \longrightarrow CaCO_3$$
$$xCa(OH)_2+SiO_2+mH_2O \longrightarrow xCaO \cdot SiO_2 \cdot m H_2O（水化硅酸钙）$$
$$yCa(OH)_2+Al_2O_3+nH_2O \longrightarrow yCa(OH)_2 \cdot Al_2O_3 \cdot nH_2O（水化铝酸钙）$$

本节采用电石渣、粉煤灰或水泥为无机结合料，煤矸石或煤矸石混掺碎石为集料制备高等级公路底基层混合料，设计出两种混合料将煤矸石使用在高等级公路基层当中。对煤矸石进行级配设计，再掺以不同含量的电石渣、粉煤灰制备出9组配合比混合料，分别对其进行路用性能研究，得到最佳配合比。以7d无侧限抗压强度为质量控制指标，比较方案的优劣，综合考量工程质量和工程成本，找到最佳配合比。

（2）配合比设计

1）煤矸石级配设计

对于基层而言集料级配好坏很大程度上影响着基层强度和整体性，根据大量工程实践得知骨架密实型结构性能优良，因此，本节煤矸石合成级配参考此类型进行设计。本节中试验选用邯郸郭二庄矿场废弃煤矸石，破碎筛分规格分别为0～10mm、10～20mm、20～30mm，筛分结果如表3.2-1所示，参考《公路路面基层施工技术细则》JTG/T F20—2015（以下简称《细则》）级配要求，煤矸石合成级配如表3.2-2、图3.2-1所示，煤矸石各粒径范围所用比例如表3.2-3所示。

煤矸石筛分结果 表 3.2-1

| 筛孔（mm） | 通过率（%） | | |
|---|---|---|---|
| | 0～10 规格 | 10～20 规格 | 20～30 规格 |
| 31.5 | 100 | 100 | 100 |
| 19 | 100 | 83.9 | 14.5 |
| 9.5 | 100 | 10.5 | 0.2 |
| 4.75 | 70.1 | 5.9 | 0 |
| 2.36 | 43.9 | 1.2 | 0 |
| 1.18 | 31.4 | 0.7 | 0 |
| 0.6 | 17.6 | 0.5 | 0 |
| 0.075 | 2.0 | 0.1 | 0 |

煤矸石集料合成级配 表 3.2-2

| 粒径（mm） | 级配上限 | 级配下限 | 级配中值 | 合成级配 |
|---|---|---|---|---|
| 31.5 | 100 | 100 | 100 | 100.0 |
| 19.0 | 98 | 81 | 89.5 | 85.7 |
| 9.5 | 70 | 52 | 61 | 61.1 |
| 4.75 | 50 | 30 | 40 | 43.3 |
| 2.36 | 38 | 18 | 28 | 27.6 |
| 1.18 | 27 | 10 | 18.5 | 19.0 |
| 0.60 | 20 | 6 | 13 | 10.7 |
| 0.075 | 7 | 0 | 3.5 | 1.2 |

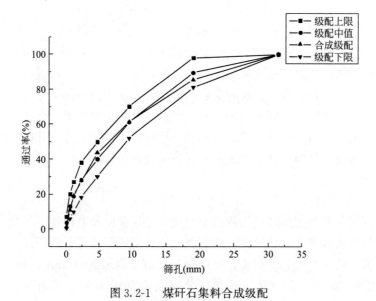

图 3.2-1 煤矸石集料合成级配

煤矸石各粒径比例　　　　表 3.2-3

| 粒径范围 | 0～10mm | 10～20mm | 20～30mm |
|---|---|---|---|
| 比例(%) | 58.65 | 23.21 | 18.14 |

2）电石渣、粉煤灰、煤矸石复配设计

电石渣在混合料整个强度发展过程中，为粉煤灰、煤矸石提供碱性环境，因此电石渣的掺量不宜较小，选定电石渣的掺量为 6%、7%、8%；参考《细则》中对二灰稳定材料的要求，结合料之间比例宜为 1:2～1:4，因此将电石渣和粉煤灰比例选定为 1:2、1:3、1:4，即得到粉煤灰掺量为 12%～32%；根据电石渣、粉煤灰的掺量确定煤矸石集料掺量为 65%～82%。具体配合比如表 3.2-4 所示。

电石渣粉煤灰稳定煤矸石底基层配合比　　　　表 3.2-4

| 编号 | 电石渣:粉煤灰 | 电石渣:粉煤灰:煤矸石 | 电石渣粉煤灰掺量(%) |
|---|---|---|---|
| 1 | | 6:12:82 | 18 |
| 2 | 1:2 | 7:14:79 | 21 |
| 3 | | 8:16:76 | 24 |
| 4 | | 6:18:76 | 24 |
| 5 | 1:3 | 7:21:72 | 28 |
| 6 | | 8:24:68 | 32 |
| 7 | | 6:24:70 | 30 |
| 8 | 1:4 | 7:28:65 | 35 |
| 9 | | 8:32:60 | 40 |

（3）路用性能研究

1）击实试验

在实际施工过程中，基层的压实度同含水率之间关系密切。当含水率较低时，由于集料之间的摩阻力使得基层无法被压实，影响基层的刚度和强度，并且在后期通车使用过程中容易发生沉降；当含水率过高时，集料孔隙之间充满水，不易压实而且易出现弹簧效应。试验的目的就是通过室内试验得出含水率同干密度之间的关系，通过二次曲线拟合找到基层最佳的含水率和最大干密度。

击实试验主要分为甲、乙、丙三种方法，由于煤矸石的最大容许粒径，所以本次试验采用丙法进行。采用烘干法得到电石渣、粉煤灰的风干含水率，选取 5 个含水率，应加水量按式（3-2）进行计算。

$$m_w = \left(\frac{m_n}{1+0.01w_n} + \frac{m_c}{1+0.01w_c}\right) \times 0.01w - \frac{m_n}{1+0.01w_n} \times 0.01w_n - \frac{m_c}{1+0.01w_c} \times 0.01w_c$$

（3-2）

式中　$m_w$——混合料中应加的水量（g）；

　　　$m_n$——混合料中集料的质量（g），其原始含水量为 $w_n$（%），即风干含水量；

　　　$m_c$——混合料中电石渣和粉煤灰的质量（g），其原始含水量为 $w_c$（%）；

　　　$w$——要求达到的混合料的含水量（%）。

取混合料 5.5kg，依次计算出各组电石渣、粉煤灰和煤矸石的质量，加入按上式计算出的加水量搅拌均匀，搅拌均匀后放入塑料袋中闷 4h 左右；将闷好的混合料分三次加入到试模中，每层击实 98 次，每一次击实后用刮土刀拉毛，使层间结合紧密，击实完成后用刮土刀对试件表面进行修平，取下套环和底板，其质量记作 $m_1$；最后一层混合料击实完成后，取出击实试样，称量试筒质量记作 $m_2$，将试件敲碎，取内部具有代表性的试样进行含水率测定。

湿密度按式（3-3）计算：

$$\rho_w = \frac{m_1 - m_2}{V} \tag{3-3}$$

式中　$\rho_w$——混合料湿密度（g/cm³）；

　　　$m_1$——模具与湿试样总质量（g）；

　　　$m_2$——模具质量（g）；

　　　$V$——模具容积（cm³）。

干密度按式（3-4）计算：

$$\rho_d = \frac{\rho_w}{1 + 0.01w} \tag{3-4}$$

式中　$\rho_d$——混合料湿密度（g/cm³）；

　　　$w$——试样的含水率（%）。

以电石渣∶粉煤灰∶煤矸石＝6∶12∶82 组为例，将击实数据和曲线图详细列出，如表 3.2-5、图 3.2-2 所示，各组击实试验汇总结果如表 3.2-6 所示。

（6∶12∶82）组击实数据　　　　　　　　　表 3.2-5

| 试验次数 | 1 | 2 | 3 | 4 | 5 |
|---|---|---|---|---|---|
| 筒＋湿试样的质量(g) | 12500.2 | 12864.8 | 12978.6 | 12857.1 | 12797.8 |
| 筒的质量(g) | 8163.0 | 8163.0 | 8163.0 | 8163.0 | 8163.0 |
| 筒的体积(cm³) | 2177.0 | 2177.0 | 2177.0 | 2177.0 | 2177.0 |
| 湿试样的质量(g) | 4337.2 | 4701.8 | 4815.6 | 4694.1 | 4634.8 |
| 湿密度(g/cm³) | 1.992 | 2.160 | 2.212 | 2.156 | 2.129 |
| 干密度(g/cm³) | 1.887 | 2.017 | 2.048 | 1.998 | 1.931 |
| 盒号 | 1 | 2 | 3 | 4 | 5 |
| 盒＋湿试样的质量(g) | 1872.6 | 1835.6 | 1995.5 | 2028.5 | 2036.3 |
| 盒＋干试样的质量(g) | 1798.8 | 1742.7 | 1881.0 | 1898.9 | 1890.2 |
| 盒的质量(g) | 472.6 | 435.1 | 467.4 | 463.1 | 468.9 |
| 水的质量(g) | 73.8 | 92.9 | 114.5 | 129.6 | 146.1 |
| 干试样的质量(g) | 1326.2 | 1307.6 | 1413.6 | 1435.8 | 1421.3 |
| 含水率(%) | 5.56 | 7.10 | 8.01 | 9.03 | 10.28 |

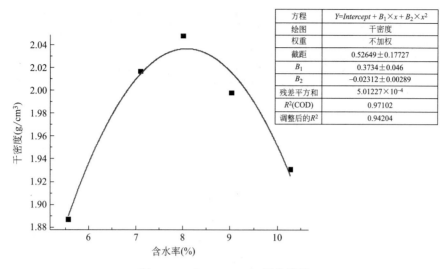

| 方程 | $Y=Intercept + B_1 \times x + B_2 \times x^2$ |
|---|---|
| 绘图 | 干密度 |
| 权重 | 不加权 |
| 截距 | $0.52649 \pm 0.17727$ |
| $B_1$ | $0.3734 \pm 0.046$ |
| $B_2$ | $-0.02312 \pm 0.00289$ |
| 残差平方和 | $5.01227 \times 10^{-4}$ |
| $R^2$(COD) | 0.97102 |
| 调整后的$R^2$ | 0.94204 |

图 3.2-2 （6∶12∶82）组曲线图

各组击实试验结果汇总表                    表 3.2-6

| 编组 | 电石渣∶粉煤灰∶煤矸石 | 最佳含水率（％） | 最大干密度（g/cm³） |
|---|---|---|---|
| 1 | 6∶12∶82 | 8.01 | 2.048 |
| 2 | 7∶14∶79 | 8.86 | 1.953 |
| 3 | 8∶16∶76 | 10.7 | 1.920 |
| 4 | 6∶18∶76 | 9.01 | 1.942 |
| 5 | 7∶21∶72 | 11.52 | 1.858 |
| 6 | 8∶24∶68 | 11.79 | 1.851 |
| 7 | 6∶24∶70 | 9.73 | 1.844 |
| 8 | 7∶28∶65 | 12.38 | 1.766 |
| 9 | 8∶32∶60 | 13.21 | 1.730 |

由表 3.2-6 可知，最大干密度随着无机结合料掺量的增大而减小，最佳含水率随着无机结合料掺量的增大而增大。这是因为无机结合料密度比煤矸石小，而吸水率却大于煤矸石，因此，随着无机结合料掺量增大使得混合料的最大干密度呈下降趋势，最佳含水率呈上升趋势。

2）试件成型

结合煤矸石最大粒径，试件规格采用 150mm×150mm 圆柱体，《细则》对底基层压实度要求为 97％，采用内掺法添加电石渣和粉煤灰，利用静压法成型试件。在试件成型前对电石渣、粉煤灰、煤矸石进行天然含水率测定，通过击实试验结果、压实度、试件体积，分别计算出电石渣、粉煤灰、煤矸石和应加水质量，将其充分拌合均匀后，闷至 4h，将拌合均匀的混合料分多次加入到试模当中，每次加入后需振捣密实，在静压时压力机速率控制在 1mm/min，将垫块完全压入试模后静压 2min 防止回弹。试件成型 2h 后进行脱模，脱模之后进行标准养护，在养护龄期前一天饱水养护，试件成型养护主要步骤如图 3.2-3 所示。

(a) 拌料

(b) 静压成型

(c) 脱模

(d) 养护

图 3.2-3　试件成型主要步骤

3）无侧限抗压强度试验

无侧限抗压强度（Unconfined Compression Strength）是指在无侧向压力状态下，稳定材料抵抗轴向压力的极限强度。

图 3.2-4　无侧限抗压强度试验

基层和面层共同承受、传递上部行车荷载，在长期承受荷载的过程中，若没有足够的刚度和强度，使得基层产生较大变形，反映到面层中产生裂缝、车辙等病害。现有规范以无侧限抗压强度作为基层质量控制指标。本试验目的是通过对试件进行无侧限抗压强度试验，验证试件强度是否符合规范要求。试验如图 3.2-4 所示，步骤如下：

① 取出养护好的试件，将试件放在压力机底座中间，以免受力不均影响强度。

② 开动压力机，保持压力机底座以 1mm/min 的速度上升，试件破坏时停止加载。按式（3-5）计算结果。

$$R_c = \frac{P}{A} \tag{3-5}$$

式中　$R_c$——试件的无侧限抗压强度（MPa）；

　　　$P$ ——试件遭到破坏时压力机读数（N）；

　　　$A$ ——圆柱形试件的截面积（mm²）。

试件在受压过程中，在刚开始施加荷载时，试件表面无变化，荷载—变形曲线几乎呈直线。随着荷载逐渐增加，在试件表面出现许多微小裂纹，方向同荷载方向相同或与荷载方向呈较小夹角。荷载继续增大，裂纹数量越来越多，宽度也越来越大，荷载增大速度减缓，试件竖向位移变化快速增大，试件侧面开始剥落，试件完全破坏。经无侧限抗压强度试验后的试件表面和内部破坏形态如图 3.2-5、图 3.2-6 所示。

图 3.2-5　表面破坏

图 3.2-6　内部破坏

从破坏后的试件可以看到煤矸石颗粒之间松散、剥落且出现大规模的破碎，这是因为在外荷载作用下无机结合料的胶结力不足以抵抗外力荷载，使得集料之间无法形成整体，当外部荷载进一步增大，煤矸石之间相互挤压破碎，导致试件完全破坏，丧失承载力。

各组试验结果如表 3.2-7 所示，无侧限抗压强度随养护时间增长规律如图 3.2-7 所示。

无侧限抗压强度结果

表 3.2-7

| 编号 | 电石渣：粉煤灰：煤矸石 | 7d 无侧限抗压强度 | 28d 无侧限抗压强度 | 90d 无侧限抗压强度 |
|---|---|---|---|---|
| 1 | 6：12：82 | 0.94 | 2.46 | 4.01 |
| 2 | 7：14：79 | 1.23 | 2.36 | 3.91 |
| 3 | 8：16：76 | 0.98 | 2.53 | 4.03 |
| 4 | 6：18：76 | 1.54 | 2.98 | 4.08 |
| 5 | 7：21：72 | 1.76 | 3.01 | 4.46 |
| 6 | 8：24：68 | 1.40 | 2.63 | 4.73 |
| 7 | 6：24：70 | 1.18 | 2.81 | 4.51 |
| 8 | 7：28：65 | 1.29 | 3.02 | 5.18 |
| 9 | 8：32：60 | 1.21 | 2.96 | 5.73 |

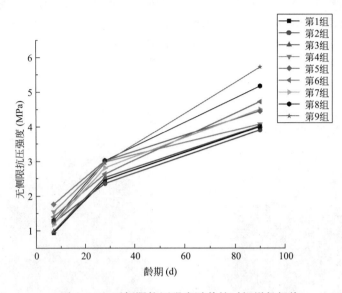

图 3.2-7　无侧限抗压强度随养护时间增长规律

　　由上述图表可以看出，电石渣、粉煤灰稳定煤矸石混合料早期强度均符合规范对公路底基层的要求，但是早期强度差别较大，其中第一组强度不足 1MPa、而第五组强度可达到 1.76MPa。随着养护龄期增长，混合料的强度开始显著提升。对于 9 组配比混合料来说，28d 强度较 7d 强度涨幅分别为 161.7%、91.8%、158.2%、93.5%、71.0%、87.9%、138.1%、134.1%、144.6%；90d 抗压强度较 28d 抗压强度涨幅分别为 63.0%、65.7%、59.3%、36.9%、48.2%、79.8%、60.5%、71.5%、93.6%。在 7d～28d 时强度发展较快，28d～90d 强度发展减缓，但是在 90d 时可发展到较高强度。由上述化学成分可以知道粉煤灰主要活性成分含量很高，电石渣水解为粉煤灰火山灰反应提供良好的碱性环境，生成胶凝状和纤维状的 C-S-H、C-A-H 等胶凝物质，使得混合料内部结构粘结更加紧密形成强度。但是火山灰反应过程漫长，前期生成的胶凝物质较少，主要提供后期强度，而混合料的前期强度主要靠颗粒之间的摩阻力和物质之间的范德华力形成强度，而随着龄期的增长火山灰反应越来越彻底，试件强度随之增大。

　　在 7d 抗压强度中，无侧限抗压强度随无机结合料掺量增大先增大后减小，第 4 组、第 5 组的强度要优于其他组，这说明在混合料中并不是电石渣、粉煤灰越多早期强度越高，而是存在着一个峰值，在低于这个峰值时，混合料早期强度随着电石渣、粉煤灰掺量的升高而升高，一旦过了这个峰值混合料强度随着电石渣、粉煤灰掺量的升高而降低。这可能是因为火山灰反应过程时间较长，早期火山灰反应并不能充分进行，游离的电石渣和粉煤灰过多地填充在煤矸石集料之间，破坏了煤矸石的设计级配，使得骨架密实结构变成了悬浮密实结构，不能使得集料之间的摩阻力充分发挥作用，导致早期强度不高。在 28d、90d 抗压强度中，无侧限抗压强度曲线随无机结合料掺量增大总体上呈现上升趋势，这说明无机结合料掺量越多，混合料的后期强度越高。无机结合料掺量为 40% 时相比较于掺量为 18% 时强度涨幅为 42.9%，这是因为无机结合料掺量越多生成的胶凝物质就越多，因此试件具有更高的强度。

4）劈裂强度试验

劈裂强度（Leakage Strength）是指在规定的试验条件下，无机结合料稳定材料产生分离时单位胶接宽度所需的拉伸载荷，即稳定材料在产生塑性变形直到出裂缝，材料所能抵抗的最大压力下的强度。

抗压强度是基层整体抵抗外力作用的能力，而抗拉强度是集料和无机结合料接触面抵抗外力破坏的能力，因此对于评价基层力学性能好坏而言抗拉强度也同样重要。抗拉强度主要是无机结合料的粘结力提供，集料的嵌挤力对抗拉强度影响较小。直接抗拉试验存在着试件固定难度大、荷载易发生偏心现象等缺点，劈裂强度试验简单易操作且能够较为准确地反映基层的抗拉能力，因此常用劈裂强度试验经过换算得出抗拉强度。试验步骤如下：

① 取出养护好的试件，将试件放在劈裂夹具上。

② 将劈裂夹具和试件放到压力机底座中间，保持压力机以 1mm/min 的速度上升。试件破坏时停止加载，并记录压力机读数。劈裂强度按照式（3-6）进行计算，劈裂试验如图 3.2-8 所示。

$$R_i = 0.004178 \frac{P}{h} \qquad (3-6)$$

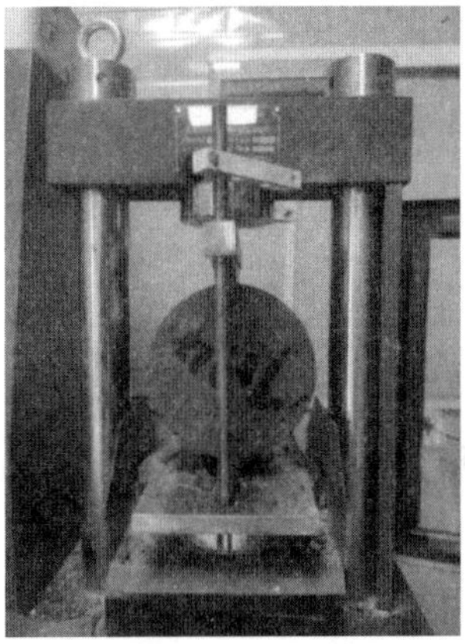

式中　$R_i$——试件劈裂强度（MPa）；

　　　$P$——试件破坏时压力值（N）；

　　　$h$——浸水后的试件高度（mm）。

图 3.2-8　劈裂试验

经劈裂之后的试件表面和内部如图 3.2-9、图 3.2-10 所示。

图 3.2-9　表面破坏

图 3.2-10　内部破坏

试件劈裂破坏后表面开裂，裂缝同劈裂试验时压条位置重合，破裂面平整近似平面。通过观察试件内部发现劈裂破坏只有少数煤矸石集料破碎，这是因为劈裂强度不同于抗压强度，抗压强度是试件整体抵抗外界荷载的能力，而劈裂强度主要表现为结合料和集料表面的粘结力，集料之间嵌挤力几乎可以忽略，所以试件劈裂破坏多为无机结合料和煤矸石集料粘结处的拉脱破坏。

劈裂强度试验结果如表 3.2-8 所示、劈裂强度随养护龄期变化规律如图 3.2-11 所示。

劈裂强度试验结果
表 3.2-8

| 编号 | 电石渣：粉煤灰：煤矸石 | 28d 劈裂强度（MPa） | 90d 劈裂强度（MPa） |
|---|---|---|---|
| 1 | 6∶12∶82 | 0.18 | 0.36 |
| 2 | 7∶14∶79 | 0.21 | 0.38 |
| 3 | 8∶16∶76 | 0.23 | 0.43 |
| 4 | 6∶18∶76 | 0.21 | 0.44 |
| 5 | 7∶21∶72 | 0.24 | 0.46 |
| 6 | 8∶24∶68 | 0.25 | 0.49 |
| 7 | 6∶24∶70 | 0.28 | 0.51 |
| 8 | 7∶28∶65 | 0.29 | 0.54 |
| 9 | 8∶32∶60 | 0.32 | 0.56 |

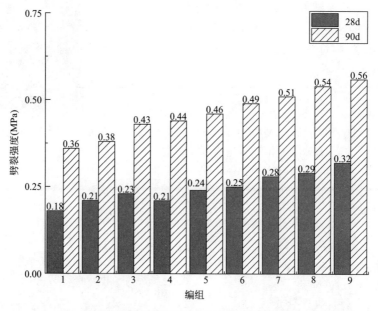

图 3.2-11　劈裂强度随养护龄期变化规律

由上述图表可知，当养护龄期从 28d 增长到 90d 时各组混合料试件劈裂强度涨幅分别为 100％、81.0％、86.9％、109.5％、91.7％、96.0％、82.1％、86.2％、75.0％，这是因为随着养护龄期增长混合料之间的火山灰反应继续进行，生成的胶凝物质可有效粘结煤矸石集料，使得集料之间结合紧密不易劈裂破坏。从图 3.2-11 中还可直观看出无论养护龄期是 28d 或者是 90d，混合料试件的劈裂强度均随着无机结合料掺量增多而增大。这是因为试件劈裂破坏主要是集料和结合料接触面受力破坏，当结合料较少时不能包裹在集料表面，产生的胶凝物质较少无法使得集料之间紧密粘结，从而导致混合料劈裂强度降低；当试件内部的结合料较多时，增大了集料之间的接触面积并且生成的凝胶物质紧密粘结集料，因此混合料具有较大的劈裂强度。

5）抗压回弹模量试验

抗压回弹模量（Compressive Modulus of Resilience）是表征地基在瞬时荷载作用下可

恢复的变形特征，回弹模量越大，地基受外载能力越大。

采用顶面法对试件进行抗压回弹模量试验，如图 3.2-12 所示。具体试验过程如下：

① 将经标养后试件拿出，用早强水泥净浆和圆形钢板把试件上下底面抹平，将整平完毕的试件静置 8h，随后放入水中 1d。

图 3.2-12　抗压回弹
模量试验

② 选择合适的压力机和测力计，由于电石渣、粉煤灰稳定煤矸石在底基层中使用，所以计算单位压力选定值应为 0.2~0.4MPa，本次试验选定为 0.4MPa。

③ 将浸水 1d 的试件取出擦干，在顶面撒上细砂，用加载板按压使顶面的孔隙能够被细砂填充从而试件顶面变得更为平整，在加载时不易出现应力集中现象使得试验结果有所偏差。

④ 将在抹平养护好的试件放在加载底板中心处，将加载底板连同试件放在路强仪的底板上并在试件上端放加载顶板，在路强仪两侧安装千分表支座，在支座上安装千分表，使两千分表位于加载顶板的中心线上并保证千分表距试件中心处的距离相等。

⑤ 试验前用试验最大荷载的一半对其预试验，完成后 1min 方可开始正式试验。

⑥ 将预定最大荷载分 5 份，对试件依次加载直至加载到最大荷载。每次加载需维持压力持续 1min 记录千分表读数，并在卸载后 30s 记录千分表读数，如此就完成了一次试验，依次对试件进行试验，直至完成所有试验。按式（3-7）计算。

$$E_{c} = \frac{Ph}{l} \tag{3-7}$$

式中　$E_{c}$——抗压回弹模量（MPa）；

　　　$P$——单位压力（MPa）；

　　　$h$——试件高度（mm）；

　　　$l$——回弹变形（mm）。

抗压回弹试验结果如表 3.2-9 所示，抗压回弹模量随养护时间变化规律如图 3.2-13 所示。

抗压回弹试验结果　　　　　　　　　　　　　　　　表 3.2-9

| 编号 | 电石渣∶粉煤灰∶煤矸石 | 28d 抗压回弹模量（MPa） | 90d 抗压回弹模量（MPa） |
|---|---|---|---|
| 1 | 6∶12∶82 | 1056 | 1421 |
| 2 | 7∶14∶79 | 1163 | 1556 |
| 3 | 8∶16∶76 | 1269 | 1613 |
| 4 | 6∶18∶76 | 1223 | 1669 |
| 5 | 7∶21∶72 | 1331 | 1768 |
| 6 | 8∶24∶68 | 1290 | 1801 |
| 7 | 6∶24∶70 | 1169 | 1692 |
| 8 | 7∶28∶65 | 1293 | 1919 |
| 9 | 8∶32∶60 | 1392 | 2061 |

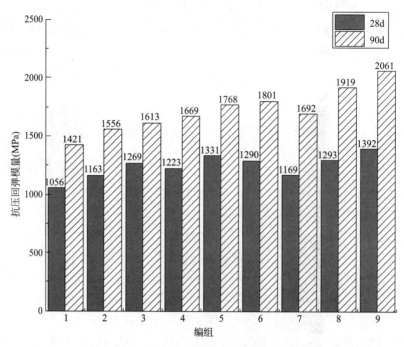

图 3.2-13 抗压回弹模量随养护时间变化规律

由上述图表可知，抗压回弹模量与劈裂强度发展规律相似。养护龄期从 28d 增长到 90d 时各组混合料的抗压回弹模量涨幅分别为 34.6％、33.8％、27.1％、36.5％、32.8％、39.6％、44.8％、48.4％、48.1％。当养护龄期为 28d、90d 时，随着电石渣、粉煤灰含量从 18％增长到 40％过程中，混合料抗压回弹模量分别增长了 31.8％、45.0％。混合料抗压回弹模量主要取决于以下三方面：①原材本身模量；②生成胶凝物质模量；③生成物质组成结构形式。养护龄期为 28d 时抗压回弹模量较小是因为火山灰反应进行较为缓慢，此时生成的胶凝物质较少，混合料还处于较为分散的状态，没有形成紧密的整体，此时的抗压回弹模量虽然有胶凝物质的作用但是主要是由混合料本身的回弹模量所提供。随着龄期增长火山灰反应进行更加彻底生成的胶凝物质越多，混合料中颗粒之间紧密连接形成整体，反映在抗压回弹模量上则表现为越来越大。在同一龄期时，电石渣、粉煤灰含量越高生成的胶凝物质越多，混合料中颗粒间结合得也就更加紧密，因此，表现为电石渣、粉煤灰含量越高，抗压回弹模量越大。

6）水稳性能试验

一些沥青混合料孔隙较大，水分易沿着沥青面层中的孔隙或者沥青混合料面层与路缘石连接处缝隙进入路面内部，而且面层在行车荷载反复作用和遭遇极寒极热情况下也会产生裂缝，这些也为水分进入路面结构内部提供通道。另外，路基中的水分随着毛细管也会进入到公路基层当中，水分进入基层中的通道多种多样，但是想要排出却极其困难，当水分进入到基层当中后，基层强度将会降低，从而造成基层开裂、鼓包、失稳、唧浆等病害。因此，基层在使用过程中应具有一定的水稳性能，在浸水后保持不破坏。

由于现行规范中没有对半刚性基层抗水损害能力的明确试验规定，本节以水稳系数表征基层的水稳能力，水稳系数即同组试件标准养护抗压强度与不浸水养护抗压强度之比。

计算公式如式（3-8）所示。

$$水稳系数 = \frac{标准养护抗压强度}{不浸水养护抗压强度} \times 100\% \qquad (3-8)$$

水稳性能试验结果如表 3.2-10、图 3.2-14 所示。

水稳性能试验结果　　　　　　　　　　　　　表 3.2-10

| 编组 | 电石渣：粉煤灰：煤矸石 | 28d 水稳系数（%） | 90d 水稳系数（%） |
|---|---|---|---|
| 1 | 6：12：82 | 52.2 | 71.6 |
| 2 | 7：14：79 | 53.7 | 74.3 |
| 3 | 8：16：76 | 55.4 | 71.3 |
| 4 | 6：18：76 | 58.1 | 76.9 |
| 5 | 7：21：72 | 61.5 | 78.6 |
| 6 | 8：24：68 | 63.2 | 80.1 |
| 7 | 6：24：70 | 66.9 | 82.2 |
| 8 | 7：28：65 | 67.8 | 84.6 |
| 9 | 8：32：60 | 71.1 | 85.4 |

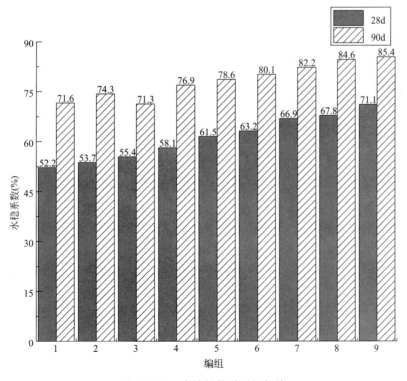

图 3.2-14　水稳性能随时间规律

由上述图表可知，试件在浸水之后强度都有不同程度的降低，一方面因为在试件成型时外力做功主要是缩短电石渣、粉煤灰煤矸石分散体系的分子距离、增大分子间的范德华力，使得各物质能够形成整体，当浸水之后，水分进入到试件内部，颗粒外部被水分包裹，增大颗粒间的斥力使得试件强度降低。另一方面试件成型后内部发生一系列的化学反应，主要表现为电石渣的水解产生大量的钙镁离子，钙镁离子进入到集料之间可与集料发生离子交换和吸附作用为试件提供强度，$Ca(OH)_2$ 结晶、碳化也会为试件提供强度，电石渣水解为粉煤灰火山灰反应提供良好的碱性环境、粉煤灰中的火山灰性成分与氢氧根离子生成 C-S-H、C-A-H 等凝胶使得试件内部粘结紧密以产生较高的强度。试件浸水之后由于大量水存在影响了试件内部碳化和结晶作用，且水的进入使得火山灰反应所需的碱性环境变弱，导致火山灰反应减缓，生成凝胶物质减少，因此试件浸水之后强度降低。

水稳定性随着养护龄期增长而增强，在同龄期时，水稳定性随着无机结合料增多而增强。究其原因可能是在前期无机结合料生成的胶凝物质较少，用填充物均匀地分散在试件中的结合料之间，在受到水分浸泡时，无机结合料受到水压力变得分散，从而减弱了试件抵抗水损害的能力，随养护龄期增长结合料火山灰反应进行较为彻底，生成的凝胶可以紧密粘结煤矸石集料，而且结合料含量增大还可以作为细料填充骨架孔隙，使得试件更加密实，抵抗水分侵入，减少强度损失。

（4）小结

电石渣、粉煤灰、煤矸石作为大宗固废，将其使用在公路基层当中可改善环境、降低工程造价。本节对电石渣和粉煤灰稳定煤矸石进行公路底基层研究，具体结论如下。

1）以煤矸石为集料夹掺电石渣、粉煤灰制备的混合料 7d 抗压强度随电石渣掺量增大存在峰值，当电石渣和粉煤灰掺量为 28％时，混合料强度达到最大的 1.76MPa，28d、90d 强度随电石渣、粉煤灰掺量增大而增大，当电石渣、粉煤灰掺量从 18％增大到 40％时，混合料 28d、90d 无侧限抗压强度分别增长到 1.20、1.43 倍。混合料在 7d～28d 时无侧限抗压强度发展较快，各组混合料的 28d 强度分别是 7d 强度的 2.62、1.93、2.58、1.94、1.71、1.88、2.38、2.34、2.45 倍，28d～90d 强度发展速率较 7d～28d 降缓，各组混合料的 90d 强度分别是 28d 强度的 1.63、1.66、1.59、1.37、1.48、1.80、1.60、1.72、1.94 倍，第 9 组混合料的 90d 抗压强度发展至 5.73MPa。

2）以煤矸石为集料夹掺电石渣、粉煤灰制备的混合料 90d 劈裂强度分别是 28d 的 2.00 倍、1.81 倍、1.87 倍、2.10 倍、1.92 倍、1.96 倍、1.82 倍、1.86 倍、1.75 倍。在相同养护龄期时混合料的劈裂强度随电石渣、粉煤灰掺量增大而增大，当电石渣、粉煤灰掺量从 18％增加到 40％时，混合料 28d、90d 劈裂强度分别增长到 1.78、1.56 倍，第 9 组混合料的 90d 抗压劈裂强度发展至 0.56MPa。

3）以煤矸石为集料夹掺电石渣、粉煤灰制备的混合料抗压回弹模量与劈裂强度发展规律相似，随着电石渣、粉煤灰含量从 18％增加到 40％，养护龄期为 28d 时，混合料抗压回弹模量由 1056MPa 增长到 1392MPa，养护龄期为 90d 时，混合料抗压回弹模量由 1421MPa 增长到 2061MPa。当养护龄期从 28d 增长到 90d 时各组混合料的抗压回弹模量分别增加到 1.35、1.34、1.27、1.36、1.33、1.40、1.45、1.48、1.49 倍。

4）以煤矸石为集料夹掺电石渣、粉煤灰制备的混合料水稳定性较差，养护龄期为 28d 时，水稳系数在 50％～70％之间；养护龄期为 90d 时，水稳系数在 70％～90％之间。

2. 水泥稳定煤矸石底基层应用研究

（1）煤矸石级配设计

与本节中的电石渣、粉煤灰稳定煤矸石底基层相同，同样选用邯郸郭二庄矿场煤矸石，选用0～10mm、10～20mm、20～30mm三种规格合成级配，参考《公路路面基层施工技术细则》JTG/T F20—2015级配要求，煤矸石合成级配如表3.2-11、图3.2-15所示，煤矸石各粒径范围所用比例如表3.2-12所示。

煤矸石集料合成级配　　　　　　　　　　　　　　　表3.2-11

| 粒径(mm) | 级配上限 | 级配下限 | 级配中值 | 合成级配 |
|---|---|---|---|---|
| 31.5 | 100 | 100 | 100 | 100.0 |
| 19.0 | 86 | 68 | 77 | 76.5 |
| 9.5 | 58 | 28 | 43 | 45.9 |
| 4.75 | 32 | 22 | 27 | 31.9 |
| 2.36 | 28 | 16 | 22 | 20.4 |
| 0.60 | 15 | 8 | 11.5 | 8.1 |
| 0.075 | 3 | 0 | 1.5 | 0.9 |

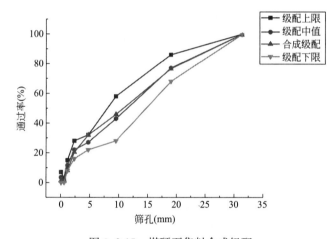

图3.2-15　煤矸石集料合成级配

煤矸石各粒径比例　　　　　　　　　　　　　　　表3.2-12

| 粒径范围 | 0～10mm | 10～20mm | 20～30mm |
|---|---|---|---|
| 比例(%) | 42 | 38 | 20 |

（2）配合比设计

参考《细则》中对水泥稳定材料的要求，混合料中水泥比例不应小于4%，选定水泥的掺量为4%、5%、6%，具体配合比如表3.2-13所示。

水泥稳定煤矸石底基层配合比　　　　　　　　　　　表3.2-13

| 编号 | 水泥：煤矸石 |
|---|---|
| 1 | 4：96 |
| 2 | 5：95 |
| 3 | 6：94 |

（3）路用性能研究

与本节中的电石渣、粉煤灰稳定煤矸石底基层相同，对水泥稳定煤矸石底基层同样进行击实试验与无侧限抗压强度试验。通过室内试验得出含水率同干密度之间的关系，通过二次曲线拟合找到基层最佳的含水率和最大干密度。通过对试件进行无侧限抗压强度试验，验证试件强度是否符合规范要求。对水泥稳定煤矸石底基层路用性能进行试验。各组试验汇总结果如表3.2-14所示。

各组试验结果汇总表 　　　　　　　表 3.2-14

| 编组 | 水泥：煤矸石 | 最佳含水率<br>（%） | 最大干密度<br>（g/cm³） | 7d抗压强度<br>（MPa） |
|---|---|---|---|---|
| 1 | 4：96 | 5.23 | 2.316 | 1.7 |
| 2 | 5：95 | 5.86 | 2.220 | 2.2 |
| 3 | 6：94 | 6.22 | 2.206 | 2.7 |

（4）小结

水泥稳定煤矸石混合料的最大干密度随着无机结合料掺量的增大而减小，最佳含水量随着无机结合料掺量的增大而增大。变化趋势与电石渣、粉煤灰稳定煤矸石底基层相同。混合料7d无侧限抗压强度随无机结合料掺量增大呈增长趋势，6%水泥掺量的煤矸石底基层混合料能满足重交通荷载等级条件下高速公路和一级公路底基层强度要求。

综上，利用电石渣、粉煤灰稳定煤矸石或水泥稳定煤矸石用于公路底基层是完全可行的，将其使用在公路底基层建设中可节约工程造价并实现大宗固废二次利用。

**3. 水泥稳定碎石-煤矸石基层应用研究**

（1）试验方案

根据研究成果可知，煤矸石压碎值较大，二灰稳定类材料前期强度较低，需加长养护时间才可发展到较高强度。因此，本节采用水泥为结合料，煤矸石混掺碎石为集料制备高等级公路基层混合料，设计两种方案将煤矸石使用在高等级公路基层当中。方案一：使用10～20mm煤矸石代替同等粒径范围的碎石，方案二：使用5～10mm煤矸石代替同等粒径范围的碎石。两种方案均选用4%、5%、6%水泥剂量，以7d无侧限抗压强度为质量控制指标，比较方案的优劣，综合考量工程质量和工程成本，找到最佳配合比。为探究粉煤灰对混合料的影响，在最佳配合比中掺入5%、10%、15%的粉煤灰，同样以7d无侧限抗压强度为质量控制标准，得到最佳粉煤灰掺量，同时和未掺入粉煤灰的混合料进行路用性能对比，探究粉煤灰对水泥稳定碎石-煤矸石混合料影响。

（2）碎石-煤矸石级配设计

集料合成级配设计参考《细则》中水泥稳定级配碎石C-B-3进行设计。煤矸石代替10～20mm碎石合成级配如表3.2-15、图3.2-16所示，各档碎石、煤矸石所用比例如表3.2-16所示。煤矸石代替5～10mm碎石合成级配如表3.2-17、图3.2-17所示，各档碎石、煤矸石所用比例如表3.2-18所示。

**水稳碎石-煤矸石（10～20mm）合成级配**                 表 3.2-15

| 粒径(mm) | 级配上限 | 级配下限 | 级配中值 | 合成级配 |
|---|---|---|---|---|
| 31.5 | 100 | 100 | 100 | 100 |
| 19.0 | 86 | 68 | 77 | 74.6 |
| 9.5 | 58 | 28 | 43 | 49.7 |
| 4.75 | 32 | 22 | 27 | 26.3 |
| 2.36 | 28 | 16 | 22 | 20.8 |
| 0.6 | 15 | 8 | 11.5 | 11.7 |
| 0.075 | 3 | 0 | 1.5 | 0.5 |

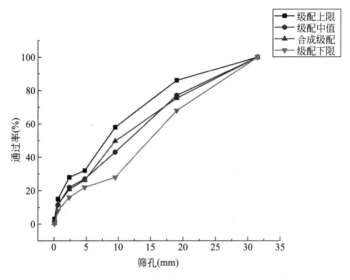

图 3.2-16 水稳碎石-煤矸石（10～20mm）合成级配

**水稳碎石-煤矸石（10～20mm）各档材料配比**                 表 3.2-16

| 粒径(mm) | 10～30 | 10～20(煤矸石) | 5～10 | 0～5 |
|---|---|---|---|---|
| 比例(%) | 23 | 30 | 25 | 22 |

**水稳碎石-煤矸石（5～10mm）合成级配**                 表 3.2-17

| 粒径(mm) | 级配上限 | 级配下限 | 级配中值 | 合成级配 |
|---|---|---|---|---|
| 31.5 | 100 | 100 | 100 | 100 |
| 19.0 | 86 | 68 | 77 | 75.3 |
| 9.5 | 58 | 28 | 43 | 52.1 |
| 4.75 | 32 | 22 | 27 | 27.2 |
| 2.36 | 28 | 16 | 22 | 22.2 |
| 0.6 | 15 | 8 | 11.5 | 13.1 |
| 0.075 | 3 | 0 | 1.5 | 0.9 |

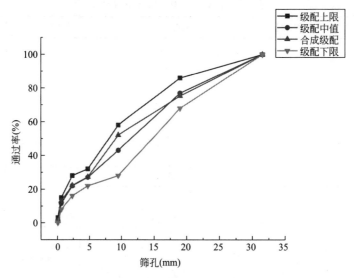

图 3.2-17　水稳碎石-煤矸石（5～10mm）合成级配

水稳碎石-煤矸石（5～10mm）各档材料配比　　　　表 3.2-18

| 粒径(mm) | 10～30 | 10～20 | 5～10(煤矸石) | 0～5 |
|---|---|---|---|---|
| 比例(%) | 19 | 30 | 24 | 26 |

（3）水泥稳定碎石-煤矸石最佳配合比设计

1）击实试验

水泥稳定碎石-煤矸石按照丙法进行，预定 5 个含水率，由于水泥凝结速度快，因此，在拌料时不可直接加入水泥，同时预留 2% 的水，在集料闷料结束后加入预留的水和水泥再次拌合均匀，随后将混合料分次加入到试模中，每层锤击 98 次，每击实一层用刮刀把表面刮毛，使得层间结合更紧密，击实完成后应使混合料高度略高于试模但高于 6mm 时应作废重新击实，用刮土刀刮平混合料使混合料高度与试模平齐，将试模连同混合料称取质量，取出混合料敲碎，取中间代表性试样不少于 1400g 放入 105℃ 烘箱中测含水率。以水泥：煤矸石-碎石＝5：95 组为例，将击实数据和含水率干密度二次曲线图详细列出，如表 3.2-19、图 3.2-18 所示。各组击实结果如表 3.2-20 所示。

（5：95）组击实数据　　　　表 3.2-19

| 试验次数 | 1 | 2 | 3 | 4 | 5 |
|---|---|---|---|---|---|
| 筒＋湿试样的质量(g) | 12986.0 | 13096.0 | 13157.0 | 13277.0 | 13296.0 |
| 筒的质量(g) | 8163.0 | 8163.0 | 8163.0 | 8163.0 | 8163.0 |
| 筒的体积(cm³) | 2177.0 | 2177.0 | 2177.0 | 2177.0 | 2177.0 |
| 湿试样的质量(g) | 4823.0 | 4933.1 | 4994.1 | 5114.0 | 5133.0 |
| 湿密度(g/cm³) | 2.215 | 2.266 | 2.294 | 2.349 | 2.358 |
| 干密度(g/cm³) | 2.133 | 2.171 | 2.187 | 2.220 | 2.197 |

| 盒号 | 1 | 2 | 3 | 4 | 5 |
|---|---|---|---|---|---|
| 盒+湿试样的质量(g) | 1685 | 1778 | 1825 | 1685 | 1816 |
| 盒+干试样的质量(g) | 1629 | 1710 | 1748 | 1602 | 1704 |
| 盒的质量(g) | 172.10 | 179.10 | 175.70 | 171.70 | 173.80 |
| 水的质量(g) | 56 | 68 | 77 | 83 | 112 |
| 干试样的质量(g) | 1456.9 | 1530.9 | 1572.3 | 1430.3 | 1530.2 |
| 含水率(%) | 3.844 | 4.442 | 4.897 | 5.803 | 7.319 |

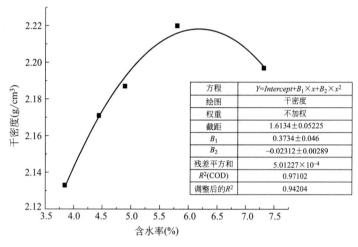

| 方程 | $Y=Intercept+B_1\times x+B_2\times x^2$ |
|---|---|
| 绘图 | 干密度 |
| 权重 | 不加权 |
| 截距 | $1.6134\pm0.05225$ |
| $B_1$ | $0.3734\pm0.046$ |
| $B_2$ | $-0.02312\pm0.00289$ |
| 残差平方和 | $5.01227\times10^{-4}$ |
| $R^2$(COD) | 0.97102 |
| 调整后的$R^2$ | 0.94204 |

图 3.2-18　（5:95）组含水率、干密度曲线图

**各组击实结果**　　　　　　　　　　　　　　　表 3.2-20

| 编组 | 1 | 2 | 3 |
|---|---|---|---|
| 比例 | 4:96 | 5:95 | 6:94 |
| 最佳含水率(%) | 5.201 | 5.803 | 6.235 |
| 最大干密度(g/cm³) | 2.316 | 2.220 | 2.206 |

2）7d 无侧限抗压强度试验

本次公路等级为一级公路并且类型为重交通，根据相关规范可知基层强度应在 4～6MPa 范围内。两种替代方案 7d 无侧限抗压强度试验结果如表 3.2-21、表 3.2-22 所示。

**方案一 7d 无侧限抗压强度**　　　　　　　表 3.2-21

| 水泥剂量/% | 养护龄期 7d | | |
|---|---|---|---|
| | 平均值(MPa) | 变异系数(%) | 代表值(MPa) |
| 4 | 3.8 | 4.9 | 3.3 |
| 5 | 4.1 | 5.2 | 3.7 |
| 6 | 4.9 | 7.8 | 4.2 |

**方案二 7d 无侧限抗压强度**　　　　　　　　　　　　　　表 3.2-22

| 水泥剂量/% | 养护龄期 7d | | |
|---|---|---|---|
| | 平均值（MPa） | 变异系数（%） | 代表值（MPa） |
| 4 | 4.1 | 6.5 | 3.6 |
| 5 | 5.3 | 5.3 | 4.8 |
| 6 | 6.8 | 5.9 | 6.1 |

由上表可知，当以 10～20mm 煤矸石代替碎石集料时强度较低，且随水泥剂量的增加强度提升幅度较低，当水泥剂量为 5% 时强度尚不能满足要求，水泥剂量为 6% 时水泥强度可以满足要求但强度较低。当以 5～10mm 煤矸石代替碎石集料时，强度明显得到提高，并且水泥剂量为 5% 时，强度可达到 4.8MPa，已经满足一级公路基层所要求强度。这是因为煤矸石中软岩成分较多，压碎值较大，当大粒径煤矸石掺入混合料中，在荷载作用下易破碎，因此，采用大粒径煤矸石在代替碎石时强度提升较低，只能通过增大水泥剂量来提高强度，但是水泥剂量提高不仅增大了筑路成本，还会使得基层收缩系数变大产生裂缝等诸多病害。因此，煤矸石在级配中不宜代替碎石粗集料，应在碎石形成骨架的前提下用来填充骨架孔隙，这样既能避免煤矸石本身缺陷又能高效利用煤矸石。因此本节选用以 5～10mm 粒径煤矸石代替碎石，水泥剂量为 5% 进行后续路用性能试验。

（4）水泥、粉煤灰稳定碎石-煤矸石最佳配合比设计

1）击实试验

本节确定水泥剂量为 5%，选用以 5～10mm 粒径煤矸石代替同粒径碎石，分别在混合料中掺入 5%、10%、15% 的粉煤灰进行击实试验，以水泥∶粉煤灰∶碎石-煤矸石＝5∶10∶95 组为例，将击实数据和含水率干密度二次曲线图详细列出，如表 3.2-23、图 3.2-19 所示，各组具体击实结果如表 3.2-24 所示。

**（5∶10∶95）组击实数据**　　　　　　　　　　　表 3.2-23

| 试验次数 | 1 | 2 | 3 | 4 | 5 |
|---|---|---|---|---|---|
| 筒＋湿试样的质量(g) | 12903.0 | 13057.0 | 13091.0 | 13070.0 | 13036.0 |
| 筒的质量(g) | 8163.0 | 8163.0 | 8163.0 | 8163.0 | 8163.0 |
| 筒的体积(cm³) | 2177.0 | 2177.0 | 2177.0 | 2177.0 | 2177.0 |
| 湿试样的质量(g) | 4740.0 | 4894.0 | 4928.0 | 4907.0 | 4873.0 |
| 湿密度(g/cm³) | 2.177 | 2.248 | 2.264 | 2.254 | 2.238 |
| 干密度(g/cm³) | 2.057 | 2.103 | 2.098 | 2.088 | 2.053 |
| 盒＋湿试样的质量(g) | 1637 | 1603 | 1670 | 1607 | 1704 |
| 盒＋干试样的质量(g) | 1557 | 1511 | 1561 | 1501 | 1578 |
| 盒的质量(g) | 187.10 | 173.80 | 179.10 | 171.80 | 181.30 |
| 水的质量(g) | 80 | 92 | 109 | 106 | 126 |
| 干试样的质量(g) | 1369.9 | 1337.2 | 1381.9 | 1329.2 | 1396.7 |
| 含水率(%) | 5.840 | 6.880 | 7.888 | 7.975 | 9.021 |

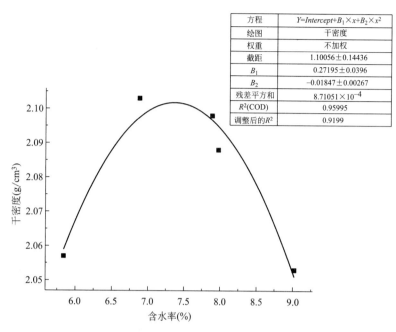

| 方程 | $Y=Intercept+B_1\times x+B_2\times x^2$ |
|---|---|
| 绘图 | 干密度 |
| 权重 | 不加权 |
| 截距 | $1.10056\pm0.14436$ |
| $B_1$ | $0.27195\pm0.0396$ |
| $B_2$ | $-0.01847\pm0.00267$ |
| 残差平方和 | $8.71051\times10^{-4}$ |
| $R^2$(COD) | 0.95995 |
| 调整后的$R^2$ | 0.9199 |

图 3.2-19　（5∶10∶95）组含水率、干密度曲线图

**各组具体击实结果**　　　　　　　　　　　　　表 3.2-24

| 编组 | 1 | 2 | 3 |
|---|---|---|---|
| 水泥∶粉煤灰∶集料 | 5∶5∶95 | 5∶10∶95 | 5∶15∶95 |
| 最佳含水率(%) | 5.93 | 6.88 | 7.34 |
| 最大干密度(g/cm³) | 2.201 | 2.103 | 2.076 |

2）7d 无侧限抗压强度试验

根据上文可知，以 5～10mm 粒径煤矸石代替碎石，水泥剂量为 5% 时混合料强度可满足高等级公路基层使用要求，本节通过在混合料中加入 5%、10%、15% 的粉煤灰，以 7d 无侧限抗压强度为控制指标，确定粉煤灰最佳掺量。试验结果如表 3.2-25、图 3.2-20 所示。

**水泥、粉煤灰稳定碎石-煤矸石 7d 抗压强度**　　　　　表 3.2-25

| 编号 | 混合料配比(%) | | | 7d 无侧限抗压强度(MPa) | | |
|---|---|---|---|---|---|---|
| | 水泥 | 粉煤灰 | 集料 | 平均值 | 变异系数 | 代表值 |
| 1 | 5 | 5 | 95 | 4.0 | 5.62 | 3.8 |
| 2 | 5 | 10 | 95 | 4.5 | 4.38 | 4.3 |
| 3 | 5 | 15 | 95 | 4.2 | 4.26 | 4.0 |

由图表可知，水泥剂量一定时，强度随粉煤灰掺量存在峰值，而峰值所对应的粉煤灰掺量为 10%，强度达到 4.3MPa，满足基层强度要求，确定粉煤灰最佳掺量应为 10%。

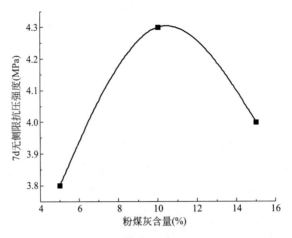

图 3.2-20　抗压强度随粉煤灰变化曲线

（5）路用性能分析

1）无侧限抗压强度

抗压强度试验结果如表 3.2-26、图 3.2-21 所示，各龄期混合料抗压强度增长率如图 3.2-22 所示。

无侧限抗压强度对比　　　　　　　　　　　　　表 3.2-26

| 水泥剂量（%） | 粉煤灰掺量（%） | 无侧限抗压强度（MPa） | | |
|---|---|---|---|---|
| | | 7d | 28d | 90d |
| 5 | 0 | 4.8 | 5.6 | 6.1 |
| 5 | 10 | 4.3 | 6.5 | 8.8 |

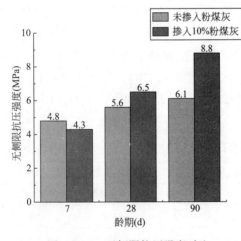

图 3.2-21　无侧限抗压强度对比

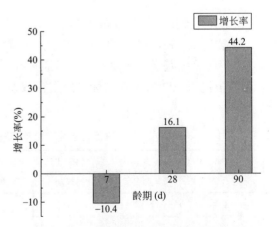

图 3.2-22　各龄期混合料抗压强度增长率

由上述图表可知，对于掺入粉煤灰的混合料 28d 的抗压强度为 7d 的 1.51 倍，90d 的抗压强度是 28d 的 1.35 倍。未掺入粉煤灰的混合料 28d 的抗压强度是 7d 的 1.16 倍，90d 的抗压强度是 28d 的 1.09 倍。粉煤灰的掺入使得混合料的 7d 抗压强度下降了 10.4%，

28d、90d 抗压强度分别提升了 16.1%、44.2%。原因在于，粉煤灰火山灰反应慢于水泥水化反应，混合料前期强度主要由水泥水化提供，而游离的粉煤灰颗粒阻隔了水泥与水接触，从而延缓了水泥反应的进行，而且粉煤灰还释放 $Al^{3+}$，也会抑制 CH、CSH 的形成，因此导致掺入 10% 粉煤灰混合料的早期强度较低。无论是否掺入粉煤灰，抗压强度都是随养护龄期增长而逐渐增长，但是未掺入粉煤灰的混合料在 28d 后强度增长速率放缓，掺入 10% 粉煤灰的混合料在 28d 后仍能保持较高速率的增长，原因在于，水泥水化速度较快，强度增长主要在前期，在 28d 过后水泥水化过程已经较为完整，导致增长潜力不足，而随着龄期的增长粉煤灰可为水泥水化产物提供附着面，从而加快水泥的水化速度，粉煤灰中的活性成分可与水泥水化生成的 CH 发生火山灰反应生成水化硅酸钙和水化硅铝酸钙等层状胶凝物，因此掺入粉煤灰的混合料可保持较长时间的强度增长，并且具有较高的后期强度。

同时有研究认为，半刚性基层的强度与接触单元强度有着密切联系，而接触单元强度主要包括接触面积和接触点处的结合料的粘结强度及颗粒间内摩擦力和嵌挤作用。因此当接触单元之间的接触面积越大强度越高，反之强度较低。当单一采用水泥稳定碎石时，混合料之间碎石相互接触形式为"点接触"，当混合料受到外力作用易产生应力集中现象，造成混合料的破坏。粉煤灰起到连接作用，使得集料间的接触形式变为"面接触"，有效减小了应力集中现象，提高了混合料的强度。

2）抗压回弹模量

回弹模量试验结果如表 3.2-27、图 3.2-23 所示，各龄期抗压回弹模量的影响增长率如图 3.2-24 所示。

抗压回弹模量对比 表 3.2-27

| 水泥剂量（%） | 粉煤灰掺量（%） | 抗压回弹模量（MPa） | | |
|---|---|---|---|---|
| | | 28d | 60d | 90d |
| 5 | 0 | 813 | 1163 | 1435 |
| 5 | 10 | 942 | 1406 | 1797 |

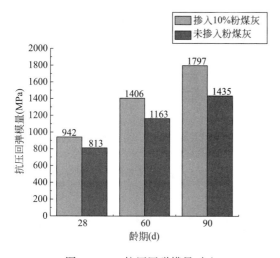

图 3.2-23　抗压回弹模量对比

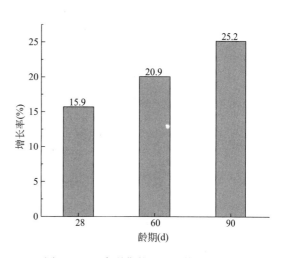

图 3.2-24　各龄期抗压回弹模量增长率

53

由上述图表可知，无论是否掺入粉煤灰，抗压回弹模量均随着养护龄期增长而增大。对于掺入粉煤灰的混合料，60d 的抗压回弹模量是 28d 的 1.49 倍，90d 的抗压回弹模量是 60d 的 1.28 倍。对未掺入粉煤灰的混合料，60d 的抗压回弹模量是 28d 的 1.43 倍，90d 的抗压回弹模量是 60d 的 1.23 倍。加入粉煤灰后，28d、60d、90d 抗压回弹模量分别提高了 15.9%、20.9%、25.2%。原因在于混合料抗压回弹模量主要取决于原材料本身模量和生成物质模量，随着龄期增长，水泥水化和粉煤灰火山灰反应生成的胶凝物质逐渐增多，胶凝物质均匀地填充在混合料中的孔隙，粘结物质颗粒且相互搭接呈空间网状结构，胶凝物质越多这种结构也就越牢固，宏观上表现为混合料抗压回弹模量增高。并且水泥水化速度快，粉煤灰火山灰反应过程较长，进一步提高了混合料的后期抗压回弹模量。

3）劈裂强度

劈裂强度试验结果如表 3.2-28、图 3.2-25 所示，各龄期劈裂强度增长率如图 3.2-26 所示。

劈裂强度对比             表 3.2-28

| 水泥剂量（%） | 粉煤灰掺量（%） | 劈裂强度（MPa） | | |
| --- | --- | --- | --- | --- |
| | | 28d | 60d | 90d |
| 5 | 0 | 0.47 | 0.55 | 0.68 |
| 5 | 10 | 0.49 | 0.63 | 0.79 |

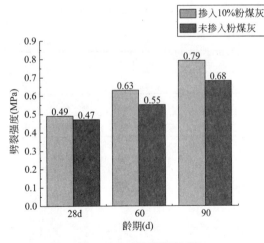

图 3.2-25　劈裂强度对比

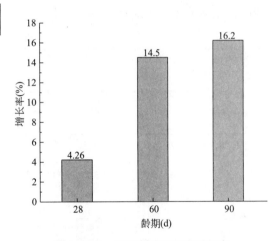

图 3.2-26　各龄期劈裂强度增长率

由上述图表可知，粉煤灰的掺入提升了混合料的劈裂强度，28d、60d、90d 分别提高了 4.26%、14.5%、16.2%。原因在于，劈裂强度主要由结合料间粘结力、结合料和集料之间的粘结力、集料间的摩阻力提供，其贡献程度依次减弱。在试件成型过程中集料之间结合料的多少决定了混合料的劈裂强度，对于水泥稳定碎石-煤矸石混合料来说其劈裂强度主要是由水泥水化产物相互粘结提供。对于水泥、粉煤灰共同稳定碎石混合料来说，其强度不仅由水泥水化单一提供，粉煤灰火山灰也可生成胶凝物质，并且粉煤灰的加入使得集料之间接触面积增大，集料之间结合更加紧密。因此，粉煤灰的加入提高了混合料的劈裂强度。

4）水稳性能

水稳性能试验结果如表 3.2-29、图 3.2-27 所示，各龄期水稳性能增长率如图 3.2-28 所示。

水稳性能对比　　　　　　　　　　　　　　　　　　　　表 3.2-29

| 水泥剂量（%） | 粉煤灰掺量（%） | 水稳系数（%） | | |
| --- | --- | --- | --- | --- |
| | | 28d | 60d | 90d |
| 5 | 0 | 89.7 | 90.8 | 92.3 |
| 5 | 10 | 91.3 | 93.6 | 94.6 |

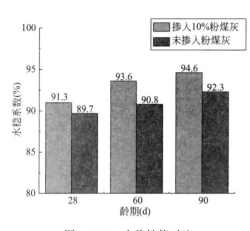

图 3.2-27　水稳性能对比

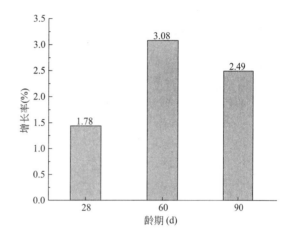

图 3.2-28　各龄期水稳系数增长率

由上述图表可知，两者抗水损害能力均较强，均在 90% 上下。在相同龄期时加入粉煤灰的混合料要略高于不加粉煤灰的。这是因为相比于水泥单一稳定材料，粉煤灰在混合料中可发生结晶、碳化、离子交换、火山灰等诸多物理化学反应，可以有效填充混合料中裂缝，使得混合料结合得更加紧密、密实，可有效抵抗水分侵入而引起的强度损失。

5）干缩性能

半刚性基层干缩开裂主要有以下四种原因：

① 毛细管脱水作用。在基层混合料中存在着许多微小孔隙，也就是所谓毛细管，许多水分存在于毛细管内部，且在毛细管转弯处液面内外承受的压力不同，产生内外压力差，受温度湿度等外界环境影响，毛细管中水分逐渐流失，使得毛细管承受的压力逐渐增强，从而产生收缩现象。

② 分子间脱水作用。当毛细管中水逐渐流失以后，吸附水开始流失，宏观表现为收缩现象。

③ 晶体凝胶间脱水作用。当毛细管和分子间水分逐渐流失后，水泥水化形成的层状凝胶物质间的水分开始流失，使得胶凝物质相互靠近，从而表现为基层收缩。

④ 碳化脱水作用。$Ca(OH)_2$ 发生碳化作用，析出水分，从而表现为基层收缩。

干缩试验是评价基层产生裂缝的一项重要指标。干缩试验首先在室内成型梁式试件，将试件放在恒温恒湿箱中进行养护 7d，养护结束以后在小梁两端粘上玻璃片，架上千分表，由于试件失水，小梁产生收缩，千分表读数就会发生变化，以此来反映试件的收缩量。试件规格为 10cm×10cm×40cm 长方体梁式试件，如图 3.2-29 所示，干缩试验如图 3.2-30 所示。

图 3.2-29　梁式试件

图 3.2-30　干缩试验

试验结果如表 3.2-30、图 3.2-31 所示，各龄期干缩性能增长率如图 3.2-32 所示。

干缩性能对比　　　　　　　　　　　　　　　　表 3.2-30

| 水泥剂量（%） | 粉煤灰掺量（%） | 平均干缩系数（×10⁻⁶） | | |
| --- | --- | --- | --- | --- |
| | | 7d | 14d | 28d |
| 5 | 0 | 68.63 | 57.36 | 30.36 |
| 5 | 10 | 53.43 | 46.96 | 25.62 |

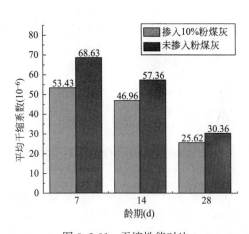

图 3.2-31　干缩性能对比

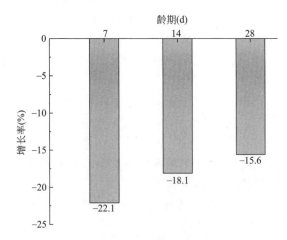

图 3.2-32　各龄期干缩性能增长率

由上述图表可知，无论是否掺入粉煤灰，两组试件的平均干缩系数都随龄期的增长而逐渐降低，但是掺入粉煤灰的试件较未掺入的试件有着较低的干缩系数，粉煤灰的加入使得试件的 7d、14d、28d 平均干缩系数分别下降了 22.1%、18.1%、15.6%，粉煤灰的加入可有效改善试件的抗裂性能。原因在于，在水泥水化前期，游离粉煤灰延缓了水泥反应速度，减少了水泥水化产物的生成，在混合料干缩过程中，首先是消耗自由水，其次是消耗层间水和结合水，而未掺入粉煤灰水泥水化速度较快，生成的胶凝物质较多，从而层间水、结合水较多，因此具有较大的收缩量。同时，粉煤灰的加入增大了试件内部各物质颗粒间的接触面积，使得试件在失水过程中受力平均，避免了应力集中现象，而且，粉煤灰火山灰效应消耗水泥水化生成的 CH 并且破坏了 CH 的定向排列，有效改善了试件的抗裂性能。

6）抗冻性

基层抗冻性是指基层在冻融循环作用下不发生破坏且强度没有明显降低的能力。基层在冻融循环作用下会出现强度降低、开裂等病害使基层破坏，因此有必要对基层的抗冻性进行评价。

产生冻融破坏主要由于以下两种力：

① 水分膨胀应力。混合料在碾压后其内部仍残留着诸多细小孔隙，孔隙中水分结冰膨胀挤压孔隙壁，循环往复造成基层开裂。此种压力大小主要与水分多少、水分流动速度、结冰速度、孔隙形状大小有关。

② 渗透压力。毛细管中的水分其实是可溶性盐溶液，当水分蒸发盐浓度增加，因此在毛细管中存在着液体浓度差，浓度高的溶液冰点较低，当在毛细管中一部分溶液结冰时，剩余部分的溶液就会产生更大的压力，产生渗透压。

将标准养护好的试件，在 −18℃ 的环境中放置 16h，试件与试件之间应留有孔隙以便冷空气流通，之后取出放于 20℃ 水中 8h，如此循环往复 5 次，最后以强度损失率（强度损失率＝100%−强度残留率）为抗冻性指标，冻融后的试件如图 3.2-33 所示。

冻融循环结果如表 3.2-31、图 3.2-34 所示，掺入粉煤灰后各龄期强度残留率的变化如图 3.2-35 所示。

图 3.2-33　冻融后的试件

抗冻性对比　　　　　　　　　　　　　表 3.2-31

| 水泥剂量（%） | 粉煤灰掺量（%） | 强度残留率（%） | | |
| --- | --- | --- | --- | --- |
| | | 28d | 60d | 90d |
| 5 | 0 | 85.4 | 89.6 | 92.5 |
| 5 | 10 | 86.6 | 91.8 | 95.8 |

由上述图表可知无论是否掺入粉煤灰，两种混合料均有良好的抗冻性能，强度残留率都在 85% 以上。随着龄期的增长两种混合料的抗冻系数均有不同程度的增长，而且在相同龄期时，掺入粉煤灰的混合料抗冻性要略优于不加粉煤灰的混合料。原因在于，随着龄期的增长混合料中生成了更多的胶凝物质，使得混合料粘结更紧密形成整体，同时，粉煤灰填充了混合料中的孔隙，降低了混合料孔隙率，阻止了水分进入，减弱了水分在冻融过程中体积变化产生的压力，从而提高了混合料的抗冻性能。

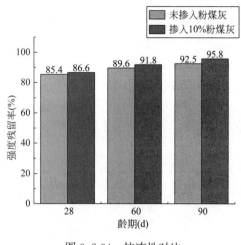

图 3.2-34　抗冻性对比

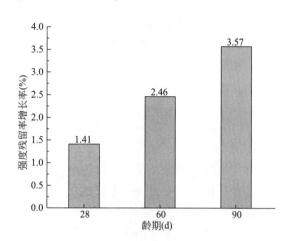

图 3.2-35　各龄期强度残留率的变化

（6）小结

本节探讨了以煤矸石代替某档碎石应用于高等级公路基层的可行性，主要得到了以下结论：

1）为探讨煤矸石在公路基层中的使用，主要涉及两种方案。一是以 10～20mm 煤矸石代替同等粒径的碎石，二是以 5～10mm 煤矸石代替同等粒径的碎石。将两种方案分别通过 4％、5％、6％水泥剂量进行稳定性测试、7d 无侧限抗压强度测试，结果表明：以 5～10mm 煤矸石代替同等粒径的碎石且水泥剂量为 5％时可满足一级公路基层使用要求。

2）为确定粉煤灰最佳掺量，保持 5％水泥剂量不变，在混合料中掺入 5％、10％、15％的粉煤灰，通过 7d 无侧限抗压强度试验确定粉煤灰最佳掺量为 10％。

3）为探讨粉煤灰加入对水泥稳定碎石-煤矸石混合料路用性能影响，本节针对掺入 10％粉煤灰和不掺入粉煤灰的两种混合料进行了路用性能对比试验。试验表明：粉煤灰掺入对混合料的各项性能均有不同程度的影响，7d、28d、90d 抗压强度分别增长了 −10.4％、16.1％、44.3％，28d、60d、90d 劈裂强度分别增长了 4.26％、14.5％、16.2％。28d、60d、90d 抗压回弹模量分别增长了 15.9％、20.9％、25.2％，28d、60d、90d 水稳性能、抗冻性也有小幅度上升且都在 90％左右，7d、14d、28d 平均干缩系数下降了 22.1％、18.1％、15.6％。

综上，通过将 5～10mm 煤矸石与碎石混合使用，采用水泥或水泥、粉煤灰综合稳定制备出的混合料可满足高等级公路使用要求，扩宽了煤矸石的使用途径。

# 第4章 电石渣的资源化利用

## 电石渣及电石渣-粉煤灰在路基中的应用

路床是路面结构的基础，主要承受路面结构的上部荷载，尤其对于高等级公路来说需要对路床进行一定的改良措施来提高路基的整体强度稳定性，本节主要针对电石渣及粉煤灰稳定土用于路床处治的路用性能进行研究，对电石渣稳定土的最佳电石渣掺量提供试验依据，确定最佳的电石渣粉煤灰掺配比例，最后通过室内试验确定最佳的电石渣粉煤灰稳定土的掺配比例。

### 1. 强度机理

（1）电石渣稳定土强度机理

当前，国内外很多学者对电石渣稳定土（Calcium carbide slag stabilized Soil，CS）强度的反应机理进行了研究，电石渣强度的形成机理与石灰稳定土极为相似，大致可以总结为四个阶段：

1）离子交换反应

黏土表面通常带有一定量的负电荷，电石渣中的氧化钙加入水中分解后发生离子交换反应，从而形成稳定结构而增大整体强度，这是早期强度形成的主要原因之一。

2）火山灰作用

土中的 $Ca(OH)_2$ 与电石渣中的硅铝反应生成 C-S-H 和 C-A-H，既能增大稳定材料之间的凝聚力，又能够使得稳定材料在长时间内都能够保持强度增长的趋势，反应式如式（4-1）、式（4-2）所示。

$$xCa(OH)_2 + SiO_2 + nH_2O \longrightarrow xCa \cdot SiO_2(n+1)H_2O \tag{4-1}$$

$$xCa(OH)_2 + Al_2O_3 + nH_2O \longrightarrow xCa \cdot Al_2O_3(n+1)H_2O \tag{4-2}$$

3）碳酸化作用

碳酸化作用主要是由于电石渣中的 $Ca(OH)_2$ 借助空气中的 $H_2O$ 和 $CO_2$ 生成 $CaCO_3$，反应式如式（4-3）、式（4-4）所示。

$$CaO + H_2O \Longrightarrow Ca(OH)_2 \tag{4-3}$$

$$Ca(OH)_2 + CO_2 \Longrightarrow CaCO_3 + H_2O \tag{4-4}$$

实验表明，碳酸化反应必须在水参与的情况下才能发生，当环境中只存在干燥的 $CO_2$ 与 $Ca(OH)_2$ 粉末时，反应接近于停止状态，因此反应式写为式（4-5）更加符合实际。

$$Ca(OH)_2 + nH_2O + CO_2 \longrightarrow CaCO_3 + (n+1)H_2O \tag{4-5}$$

4）结晶作用

由于碳酸化反应使得 $CO_2$ 难以进入结构内部，阻碍了进一步的反应，稳定土内部自由生成 $Ca(OH)_2$ 结晶，使得改良土的强度得到进一步的增强，如式（4-6）所示。

$$Ca(OH)_2 + nH_2O \longrightarrow Ca(OH)_2 \cdot nH_2O \tag{4-6}$$

根据以上四个阶段的反应，电石渣改良土的强度会逐渐增加，前期强度主要是由于火山灰反应，而电石渣水解是所有反应的前提，稳定土经离子交换、凝聚形成初期强度，结晶作用和碳酸化作用进一步提高了改良土的强度。

（2）电石渣粉煤灰稳定土强度机理

电石渣粉煤灰稳定土与石灰粉煤灰稳定材料的强度机理基本一致，其强度形成主要是依靠电石渣粉煤灰的胶结作用及填充作用，粉煤灰不易溶于水使得水硬胶凝性质较差，但是能够在蒸汽养护条件下含有 $Ca(OH)_2$ 时发生化学反应，从而出现水硬胶凝性，水化过程可以分为以下几个过程：

1）颗粒表面硅铝薄层的形成

粉煤灰与电石渣加水拌合后与液相中的 $Ca(OH)_2$ 很快饱和，呈碱性，水经过电离与粉煤灰相结合，可以电离出 $SiO_4^{4-}$ 和 $H^+$，使得粉煤灰表面呈负电性，$Ca^{2+}$ 由于引力作用吸附在粉煤灰的表面，$K^+$、$Na^+$ 溶入，使得粉煤灰表面含有较多的硅铝薄层；

2）出现沉淀包裹层

薄层出现后，$SiO_4^{4-}$ 与 $AlO_2^-$ 从表层逐渐析出，与周围的 $Ca^{2+}$ 相结合而沉淀，形成厚厚的沉淀层；

3）沉淀包裹层劈裂

当颗粒与包裹层液相中的任一离子浓度大于外层浓度时，会发生膨胀并逐渐破裂，离子间的相互作用重新形成新的包裹层，是一个不断循环的过程；

4）水化硅酸钙、铝酸钙的形成

随包裹层离子浓度的增加，$Ca^{2+}$ 被吸附在包覆层表面，形成 C-A-H 和 C-S-H 沉淀，即随着稳定土强度的提升，通过水化反应和离子交换反应，将电石渣粉煤灰稳定土的强度生成过程分为两个阶段：

第一阶段：发生物理变化，主要是因为氧化钙的水化电离平衡，强度增长缓慢；第二阶段：发生化学变化，$Ca^{2+}$、$OH^-$ 与 $SiO_4^{4-}$ 与 $AlO_2^-$ 生成硅酸钙和铝酸钙，如式（4-1）、式（4-2）所示。

**2. 试验方案与试验仪器**

根据《公路路面基层施工技术细则》JTG/T F20—2015 中对石灰工业废渣稳定土混合料的设计步骤为参考，结合实体工程中 4% 水泥改良土为参照实验对象，设计了电石渣掺量分别为 4%、6%、8%、10%、12% 五组 CS 进行室内试验研究，对 CS 在不同养护龄期下的路用性能进行室内试验分析，确定 CS 的最佳电石渣掺量。

其次，确定电石渣粉煤灰结合料的最佳掺配比例，设计配合比为 10：90、20：80、25：75、33：67、50：50、67：33、75：25、80：20、90：10 的电石渣粉煤灰结合材料，根据 7d、28d 无侧限抗压强度确定最佳的电石渣粉煤灰掺配比例，然后根据确定的最佳电粉比作为结合料进行改良土的力学性能研究，以电石渣掺量为 4%、6%、8%、10% 和 12% 为基础掺入粉煤灰进行粉煤灰电石渣稳定土（简称 FCS）的路用性能研究，最后对比分析水泥、电石渣、粉煤灰对稳定土的改良效果，确定 FCS 用于路床处治的最佳掺配比例。

主要试验仪器如图 4.1-1～图 4.1-7 所示。

图 4.1-1　击实试验

图 4.1-2　试件成型及养护

图 4.1-3　无侧限抗压强度试验　　　　　图 4.1-4　劈裂试验

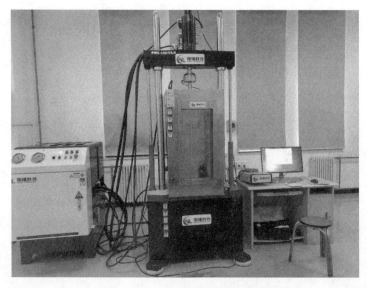

图 4.1-5　UTM 万能材料试验机

图 4.1-6　抗压回弹模量试验

图 4.1-7　承载比（CBR）试验

### 3. 试件的击实、成型及养护过程

#### (1) 击实试验步骤

本节依据《公路工程无机结合料稳定材料试验规程》JTG E51—2009 中 T 0804—1994 进行击实试验，土采用非膨胀性细粒黏土，故根据规范选用甲法进行试验，其试验方法类别表如表 4.1-1 所示。

**击实试验方法类别表**　　　　表 4.1-1

| 类别 | 锤的质量(kg) | 锤击直径(cm) | 落高(cm) | 试筒尺寸 | | | 锤击层数 | 锤击次数 | 平均单位击实功(J) |
|---|---|---|---|---|---|---|---|---|---|
| | | | | 内径(cm) | 高(cm) | 容积(cm³) | | | |
| 甲 | 4.5 | 5.0 | 45 | 10.0 | 12.7 | 997 | 5 | 27 | 2.687 |
| 乙 | 4.5 | 5.0 | 45 | 15.2 | 12.0 | 2177 | 5 | 59 | 2.687 |
| 丙 | 4.5 | 5.0 | 45 | 15.2 | 12.0 | 2177 | 3 | 98 | 2.687 |

所用土样和电石渣均通过 4.75mm 的方孔筛烘干后使用，将筛分后的试样用四分法进行取样，每份质量约为 2kg，根据素土的击实试验结果，设定 5 个初始不同含水量，每个含水量之间依次相差 1.5%，且五个设定含水量均在最佳含水量上下变化；然后按照预定含水量将电石渣与土按照计算比例加水拌合，拌合时采用人工拌合，以使拌合均匀，拌合完成后装入袋中密封 12h 以上；加水量按式（4-7）进行计算。

$$m_{w}=\left(\frac{m_{n}}{1+0.01\omega_{n}}+\frac{m_{c}}{1+0.01\omega_{c}}\right)\times0.01\omega-\frac{m_{n}}{1+0.01\omega_{n}}\times0.01\omega_{n}-\frac{m_{c}}{1+0.01\omega_{c}}\times0.01\omega_{c}$$

$$(4-7)$$

式中　$m_{w}$——混合料中应加水的质量（g）；

$m_{n}$——混合料中素土（或集料）的质量（g），其原始含水量为 $\omega_{n}$，即风干含水量（%）；

$\omega$——要求达到的混合料的含水量（%）。

按照击实试验方法类别表中甲法进行击实，严格控制每一层的击实厚度，调整所需添加混合料的质量，并进行拉毛处理；击实完成后试件高度不应超过套筒高度 6mm，否则应重新击实，击实完毕后脱模取样进行含水量测定，且按照式（4-8）计算稳定材料的干密度。

$$\rho_{d}=\frac{\dfrac{m_{1}-m_{2}}{V}}{1+0.01\omega}$$

$$(4-8)$$

式中　$m_{1}$——试筒与湿试样的总质量（g）；

$m_{2}$——试筒的质量（g）；

$V$——试筒的体积（cm³）；

$\omega$——试样的含水量（%）。

#### (2) 试件成型及养护

依据《公路工程无机结合料稳定材料试验规程》JTG E51—2009 中 T 0843—2009 制作试件，同时依据 T 0844—2009 进行试件的养护。

1）试件成型

按照计算完成的各种集料标准质量进行拌合，浸润时的含水量应比最佳含水量小3%，按式（4-8）计算，拌合均匀后放入密封的塑料袋中进行浸润，浸润时间保证在12h以上。

在试件成型的1h内，加入预留的3%含水量，拌合均匀后在1h内完成试件成型，分2～3次装入试模中，每层装模时应用夯棒轻捣，试验模具两端垫块外露2cm左右，在压力试验机下以1mm/min的速度加压，直到上、下垫块全部压入模具，稳压2min用脱模机脱模，单个试件的质量按照式（4-9）～式（4-15）计算。

$$标准质量：m_0 = V \times \rho_{max} \times (1 + w_{opt}) \times \gamma \tag{4-9}$$

$$考虑质量损耗增加冗余度后质量：m'_0 = m_0 \times (1 + \delta) \tag{4-10}$$

$$干料总质量：m_1 = \frac{m'_0}{1 + w_{opt}} \tag{4-11}$$

$$无机结合料质量（内掺法）：m_2 = m_1 \times \alpha \tag{4-12}$$

$$干土质量：m_3 = m_1 - m_2 \tag{4-13}$$

$$加水量：m_w = (m_2 + m_3) \times w_{opt} \tag{4-14}$$

$$质量验算：m'_0 = m_2 + m_3 + m_w \tag{4-15}$$

式中　$V$——试件体积（$cm^3$）；

$w_{opt}$——混合料最佳含水量（%）；

$\rho_{max}$——混合料最大干密度（$g/cm^3$）；

$\gamma$——混合料压实度标准（%）；

$m_0$、$m'_0$——混合料质量（g）；

$m_1$——干混合料质量（g）；

$m_2$——无机结合料质量（g）；

$m_3$——干土质量（g）；

$\delta$——计算混合料质量的冗余度（%）；

$\alpha$——无机结合料的掺量（%）；

$m_w$——加水质量（g）。

2）试件养护

将成型脱模完成后的试件装入密封袋中，排净空气扎紧袋口，在温度20±2℃、湿度大于或等于95%条件下进行恒温恒湿养护，在达到养生龄期的最后一天取出放入常温水中浸泡24h后进行试验。

**4. 最佳电石渣粉煤灰掺配比例确定**

（1）结合料的击实试验

根据确定的电石渣粉煤灰掺配比例，对电石渣粉煤灰进行击实试验，确定电石渣粉煤灰的击实变化趋势，试验结果如图4.1-8所示。

根据图4.1-8击实试验数据结果表明，随粉煤灰比例的减少（电石渣比例的增加），电石渣粉煤灰最佳含水量逐渐增大，而最大干密度先增大后减小，根据第二章中对电石渣和粉煤灰的化学成分分析可知，电石渣中主要成分为CaO，粉煤灰中主要为$SiO_2$和$Al_2O_3$，电石渣与熟石灰的性质相似，在水中易电离水解而生成$Ca^{2+}$和$OH^-$离子，电石渣与粉煤灰之间易发生火山灰反应，可以与硅铝等成分反应，反应后生成大量的C-S-H和

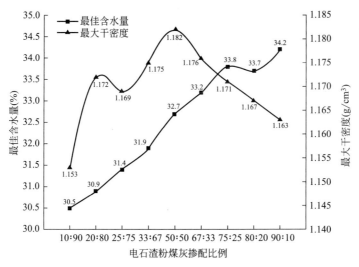

图 4.1-8 电石渣粉煤灰击实试验变化趋势

C-A-H 结晶，这些反应均需要大量的水分反应，故而随着粉煤灰掺量的减少，电石渣粉煤灰结合料的最佳含水量逐渐增大，而最大干密度先增大后减小，主要是因为粉煤灰的比表面积较小，而电石渣颗粒之间的孔隙较大，当粉煤灰掺量小于 50% 时，其内部颗粒之间的孔隙在击实功作用下不断密实，导致干密度逐渐增大，而当粉煤灰掺量超过 50% 后，电石渣掺量越来越少，主要是粉煤灰颗粒之间的骨架作用，在击实功作用下逐渐密实，使得干密度逐渐减小。

（2）试件质量计算

根据击实试验确定的 $w_{opt}$ 和 $\rho_{dmax}$ 进行试件质量计算，冗余度为 3%，压实标准为 96%，试件体积为 98.17cm$^3$，电石渣粉煤灰结合料单个试件的质量计算如表 4.1-2 所示。

电石渣粉煤灰结合料试件标准质量　　　　　　　　　　　　　　　　表 4.1-2

| 掺配比例 | 单个试件质量(g) | 试件的质量(g) | 干料总质量(g) | 电石渣质量(g) | 粉煤灰质量(g) | 加水量(g) | 成型加水量(g) | 验算(g) |
|---|---|---|---|---|---|---|---|---|
| 10：90 | 143.8 | 148.1 | 111.9 | 11.2 | 100.7 | 32.8 | 3.4 | 148.1 |
| 20：80 | 146.6 | 151.0 | 114.4 | 22.9 | 91.6 | 33.1 | 3.4 | 151.0 |
| 25：75 | 144.4 | 148.8 | 113.5 | 28.4 | 85.1 | 31.9 | 3.4 | 148.8 |
| 33：67 | 145.0 | 149.3 | 114.1 | 37.6 | 76.4 | 31.8 | 3.4 | 149.3 |
| 50：50 | 145.1 | 149.5 | 114.7 | 57.4 | 57.4 | 31.3 | 3.4 | 149.5 |
| 67：33 | 145.2 | 149.5 | 114.2 | 76.5 | 37.7 | 32.0 | 3.4 | 149.5 |
| 75：25 | 145.8 | 150.2 | 113.7 | 85.3 | 28.4 | 33.1 | 3.4 | 150.2 |
| 80：20 | 146.2 | 150.6 | 113.3 | 90.6 | 22.7 | 33.9 | 3.4 | 150.6 |
| 90：10 | 146.2 | 150.6 | 112.9 | 101.6 | 11.3 | 34.3 | 3.4 | 150.6 |

（3）无侧限抗压强度试验

根据击实试验结果，按照《公路工程无机结合料稳定材料试验规程》JTG E51—2009

对确定电石渣粉煤灰的 7d、28d 无侧限抗压强度，分析最佳的电石渣粉煤灰掺配比例，试验结果如图 4.1-9 所示。

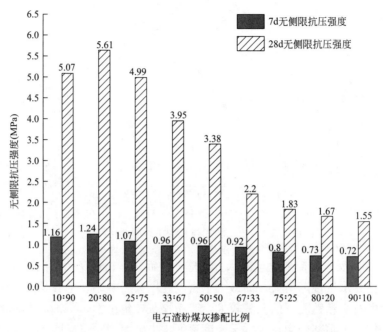

图 4.1-9  电石渣粉煤灰 7d、28d 无侧限抗压强度变化趋势

根据图 4.1-9 电石渣粉煤灰无侧限抗压强度试验结果表明，电石渣粉煤灰掺配比例呈现先增加后减少的趋势，电石渣与粉煤灰掺配比为 20∶80 时即电粉比为 1∶4 时，其 7d、28d 无侧限抗压强度达到峰值，最大值分别为 1.24MPa 和 5.61MPa，且不同电粉比的 28d 强度增长率为 2.15%～4.66%，说明电石渣与粉煤灰结合料其早期强度增长较快，综上，电石渣粉煤灰最佳掺配比例为 1∶4。

**5. 电石渣及电石渣-粉煤灰路基力学性能研究**

（1）击实试验

对 4%、6%、8%、10%、12% 的 CS 以及 4% 水泥改良土进行击实试验，试验结果如图 4.1-10、图 4.1-11 所示，FCS 击实试验结果如图 4.1-12 所示。

根据图 4.1-10 中 CS 击实试验结果表明，随电石渣掺量的增大，CS 的最佳含水量逐渐增大，最大干密度逐渐减小，根据相关研究表明，电石渣主要成分是以 $Ca(OH)_2$ 为主，电石渣稳定土中 $Ca^{2+}$ 能够吸附于黏土颗粒表面，降低了土颗粒表面的负电性，降低了黏土的液塑限，增大了土的密实度，并且 $Ca(OH)_2$ 与空气中 $CO_2$ 反应生成部分的 $CaCO_3$，进一步增大了土的干密度，但由于反应是一个相对缓慢的过程，所以电石渣稳定土的最大干密度会呈现逐渐减小的趋势。

根据图 4.1-11 中 FCS 击实试验结果表明，随着结合料比例的增大，FCS 的最佳含水量逐渐增大，最大干密度逐渐减小，CS 和 FCS 的最佳含水量均大于素土，从其强度机理可以看出，在电石渣与粉煤灰与土的反应过程需要消耗大量的水分，降低了击实功的作用效果，另一个原因就是粉煤灰的相对密度较小，比表面积更大，能够更好地填充土颗粒之

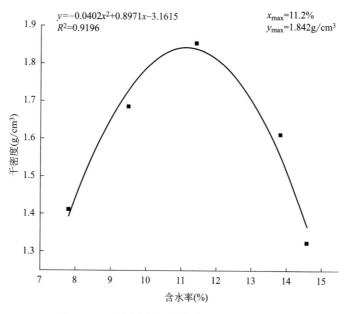

图 4.1-10　4％水泥土含水率、干密度曲线图

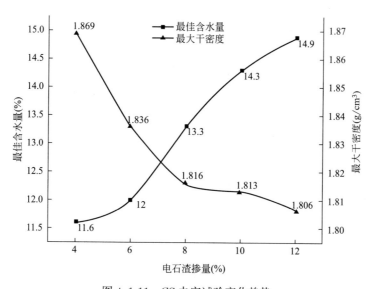

图 4.1-11　CS 击实试验变化趋势

间的孔隙，所以 FCS 的最大干密度均低于水泥土和 CS。

综上所述，4％水泥土的最大干密度为 1.842g/cm³，4％水泥土的最佳含水量为 11.2％，CS 的最大干密度在 1.869～1.806g/cm³ 之间，FCS 的最大干密度在 1.642～1.312g/cm³ 之间，说明电石渣粉煤灰稳定土的最大干密度均小于素土，从最佳含水量变化来看，4％水泥土的最佳含水量为 11.2％，CS 的最佳含水量在 11.6％～14.9％之间，FCS 的最佳含水量在 18.8％～23.6％之间，分析原因可能是与水泥改良土相比，电石渣粉煤灰改良土会产生一些絮状的胶结产物，从而会产生一定的体积膨胀，进而导致土的密实度减小，干密度也会随之减小，最佳含水量反而会出现不断增大的趋势，主要与电石渣

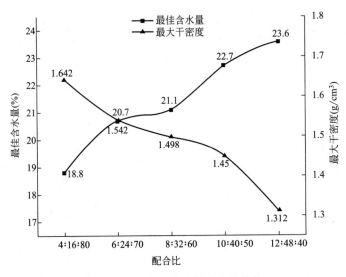

图 4.1-12　FCS击实试验变化趋势

粉煤灰稳定土的强度机理有关，由于离子交换反应与火山灰反应的不断进行，使得土颗粒与结合料之间的接触不断增强，颗粒间的重新组合则需要更多的自由水的辅助作用，使得改良土所需的水分不断增大，FCS比CS的含水量更大，说明粉煤灰的加入使得稳定土的离子交换与火山灰反应更加剧烈。

（2）试件质量计算

对4％水泥、不同掺量的电石渣稳定土以及电石渣粉煤灰稳定土的单个试件标准质量进行计算，冗余度为3％，压实标准为96％，试件体积为98.17cm³，CS单个试件的质量计算如表4.1-3所示，FCS单个试件的质量计算如表4.1-4所示。

**CS标准试件质量计算表**　　　　　　　　　　　　　　　　表 4.1-3

| 配合比 | 单个试件质量(g) | 配料试件质量(g) | 干料总质量(g) | 电石渣质量(g) | 干土质量(g) | 加水量(g) | 成型时加水量(g) | 验算(g) |
|---|---|---|---|---|---|---|---|---|
| 4％电石渣 | 196.6 | 202.5 | 181.4 | 7.3 | 174.2 | 15.6 | 5.4 | 202.5 |
| 6％电石渣 | 192.8 | 198.6 | 177.3 | 10.6 | 166.7 | 16.0 | 5.3 | 198.6 |
| 8％电石渣 | 193.9 | 199.7 | 176.3 | 14.1 | 162.2 | 18.2 | 5.3 | 199.7 |
| 10％电石渣 | 194.1 | 199.9 | 174.9 | 17.5 | 157.4 | 19.8 | 5.2 | 199.9 |
| 12％电石渣 | 195.8 | 201.7 | 175.5 | 21.1 | 154.4 | 20.9 | 5.3 | 201.7 |
| 4％水泥 | 192.8 | 198.6 | 178.6 | 7.1 | 171.5 | 14.6 | 5.4 | 198.6 |

**FCS标准试件质量计算表**　　　　　　　　　　　　　　　　表 4.1-4

| 配合比 | 单个试件的质量(g) | 配料质量(g) | 干料总质量(g) | 电石渣质量(g) | 粉煤灰质量(g) | 干土质量(g) | 加水量(g) | 成型时加水量(g) | 验算(g) |
|---|---|---|---|---|---|---|---|---|---|
| 4：16：80 | 183.8 | 189.4 | 159.4 | 9.6 | 38.3 | 111.6 | 25.2 | 4.8 | 189.4 |
| 6：24：70 | 175.4 | 180.7 | 149.7 | 9.0 | 35.9 | 104.8 | 26.5 | 4.5 | 180.7 |
| 8：32：60 | 171.0 | 176.1 | 145.4 | 11.6 | 46.5 | 87.2 | 15.7 | 4.4 | 165.5 |

| 配合比 | 单个试件的质量(g) | 配料质量(g) | 干料总质量(g) | 电石渣质量(g) | 粉煤灰质量(g) | 干土质量(g) | 加水量(g) | 成型时加水量(g) | 验算(g) |
|---|---|---|---|---|---|---|---|---|---|
| 10：40：50 | 167.7 | 172.7 | 140.8 | 14.1 | 56.3 | 70.4 | 27.7 | 4.2 | 172.7 |
| 12：48：40 | 152.8 | 157.4 | 127.4 | 12.7 | 50.9 | 63.7 | 26.2 | 3.8 | 157.4 |

（3）无侧限抗压强度试验

根据《公路工程无机结合料稳定材料试验规程》JTG E51—2009 中 T 0805—1994 方法进行无侧限抗压强度试验，按照标准试件质量对不同掺量下的 CS 试件压实成型，完成后按标准养护方法对试件进行养护，养护龄期为 7d、28d、60d、90d 共四个龄期，待试件养护周期完成后取出，用路强仪检测待测试件破坏时的最大强度，并记录破坏过程中应力环达到的最大变形量进而计算无侧限抗压强度，按式（4-16）计算抗压强度。

$$R_c = \frac{P}{\pi r^2} \tag{4-16}$$

式中　$R_c$——试件的无侧限抗压强度（MPa）；

　　　$P$——试件破坏时的最大压力（N）；

　　　$r$——试件的半径（mm）。

完成试件的测量后进行数据的汇总整理，每组 6 个标准试件，允许有 1 个异常值，同一组试验的变异系数，$C_v$ 不大于 6%。

CS 无侧限抗压强度试验结果如图 4.1-12 所示，FCS 无侧限抗压强度试验结果如图 4.1-13 所示。

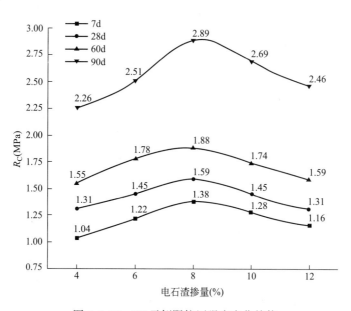

图 4.1-13　CS 无侧限抗压强度变化趋势

根据图 4.1-13 中 CS 无侧限抗压强度试验结果表明，随电石渣掺量的增大，电石渣稳定土的抗压强度先增大后减小，在电石渣掺量为 8% 时 7d、28d、60d、90d 抗压强度分别为 1.38MPa、1.59MPa、1.88MPa、2.89MPa，均为最大值，4％水泥土的 7d、28d、60d、90d 无侧限抗压强度为 1.32MPa、1.54MPa、1.68MPa、2.52MPa。8％CS 的抗压强度均高于 4％水泥土抗压强度，从图中也可以看出 CS 早期强度相对于后期强度增长快，强度形成主要是离子交换与凝聚作用，电石渣水解电离出 $Ca^{2+}$ 和 $OH^-$，$Ca^{2+}$ 与土质中的 $K^+$、$Na^+$ 等发生离子交换反应形成吸附体系，能够改变稳定土的带电状态，土颗粒与离子重新聚集形成更加致密的灰-土颗粒胶结体系，使得电石渣稳定土初期强度能够得以提升。

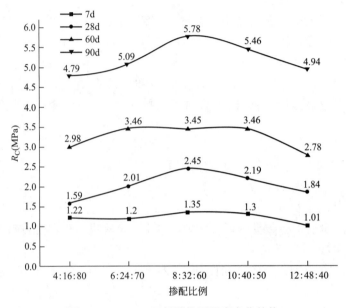

图 4.1-14　FCS 无侧限抗压强度变化趋势

根据图 4.1-14 中 FCS 无侧限抗压强度试验结果表明，随着结合料比例的增大，FCS 抗压强度呈现先增加后减小的趋势，不同龄期下的抗压强度最大峰值处掺配比例为 8：32：60，FCS 的 7d、28d、60d、90d 抗压强度分别为 1.35MPa、2.45MPa、3.45MPa、5.78MPa，掺入粉煤灰后，其抗压强度均明显高于未加粉煤灰时的强度，掺入粉煤灰后，粉煤灰中 $SiO_2$ 和 $Al_2O_3$ 的含量较高，引起的火山灰反应相较于电石渣稳定土内部强烈，使得电石渣活性潜能充分发挥，反应生成的 C-S-H 凝胶有效地改善了电石渣粉煤灰稳定土内部空隙分布，使得土颗粒连接更加稳固。

根据图 4.1-15 可以看出，对于 CS 来说当电石渣掺量为 8％时其不同龄期下的强度增长率均为正值，说明电石渣掺量为 8％左右时其效果最佳，根据 CS 和 FCS 无侧限抗压强度的对比，可以明显看出在电石渣掺量一致时，CS 的 7d 无侧限抗压强度比 FCS 强度增长快，有学者研究发现，稳定土中强度改善主要是由于 $SiO_2$ 与 $Al_2O_3$ 在遇水后发生火山灰反应，但反应过程较为缓慢，是一个长期的过程，但随着反应的进行，反应主要依赖于粉煤灰中的硅铝氧化物，但是游离的电石渣引起的不均匀性则会在一定程度上影响火山灰反应的进行，这就造成了一些状况下 FCS 在强度上低于 CS，但从整体来看，对于 FCS 的强度明显优于 CS 强度。

（4）劈裂强度试验

按照《公路工程无机结合料稳定材料试验规程》JTG E51—2009 中 T 0806—1994 方

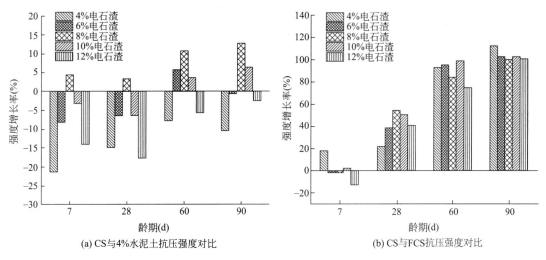

(a) CS与4%水泥土抗压强度对比　　　　　(b) CS与FCS抗压强度对比

图 4.1-15　CS 与 4％水泥土及 FCS 抗压强度对比

法进行劈裂强度试验,将试件在标准养护条件下进行养护 7d、28d、60d、90d,待试件养护结束后取出试件,逐一测量每个试件高度,记为 $h$,将养护完成后的试件放置在夹具中心线上,且与试验平面保持垂直,以减小试验误差,加载速率为 1mm/min,记录试件破坏时的最大变形量,采用应力环拟合曲线计算公式计算破坏时的最大压力 $P$(N),并按照式(4-17)对劈裂强度进行计算。

$$R_i = 0.012526 \frac{P}{h} \tag{4-17}$$

式中　$P$——试件破坏时的最大压力(N);

　　　$h$——浸水后试件的高度(mm)。

CS 劈裂试验结果如图 4.1-16 所示,FCS 劈裂试验结果如图 4.1-17 所示。

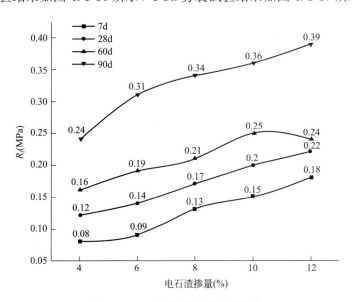

图 4.1-16　CS 劈裂强度变化趋势

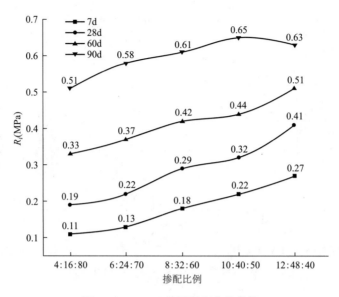

图 4.1-17　FCS劈裂强度变化趋势

根据图 4.1-16 中 CS 劈裂强度试验结果表明，电石渣稳定土的劈裂强度随电石渣掺量的增加而增大，其早期劈裂强度增长较快，后期强度增长相对较缓，这与抗压强度形成机理相似，4%水泥土的 7d、28d、60d、90d 劈裂强度为 0.12MPa、0.15MPa、0.21MPa、0.31MPa。4%掺量的水泥与电石渣掺量为 8%时，其劈裂强度相差不大。

根据图 4.1-17 中 FCS 劈裂强度试验结果表明，电石渣粉煤灰稳定土的劈裂强度随着结合料的增加而逐渐增大，从折线图可以看出，7d、28d 龄期的劈裂强度增长幅度比 60d、90d 的增长幅度较快，说明 FCS 的早期强度增长较快，在反应后期，火山灰缓慢反应生成 C-S-H 和 C-A-H 凝胶，提高了反应的初始活化能。

根据图 4.1-18 对 CS 和 FCS 劈裂强度的分析，CS 的早期劈裂强度增长加快，对于 4%CS 和 6%CS 与 4%水泥土对比均为负增长，说明 4%、6%掺量的 CS 效果较差，不满足设计要求，当电石渣掺量高于 8%时，其劈裂强度较 4%水泥土对比来看均为正增长率，说明当电石渣掺量大于 8%以后，其劈裂强度能够满足规范中设计要求，改良土的效果显著。

根据 FCS 与 CS 的对比来看，粉煤灰的掺入可以明显提升电石渣稳定土抗压强度和劈裂强度，随着龄期的增长劈裂强度持续增大，电石渣与土之间的离子交换作用、凝聚作用形成早期强度，而后期经过火山灰反应以及碳酸化反应等对电石渣稳定土的后期强度产生影响，但反应过程相对缓慢，火山灰反应的增强和持久效应对强度提高进一步产生影响，能够持续增强改良土的稳定性。

（5）抗压回弹模量试验

按照《公路工程无机结合料稳定材料试验规程》JTG E51—2009 中 T 0809—1994 方法进行试验，选择 UTM 万能材料试验机进行试验，变形值利用力学传感器进行测定，最大单位压力大的选定值为 0.4MPa，按照计算程序先按照最大压力的二分之一进行两次预压，卸载完成后按照每级 0.05MPa 进行重复加卸载，直至五次加卸载完成后试验结束，记录每次加载的变形量，完后变形测量后，对数据进行修正拟合后，按照式（4-18）进行

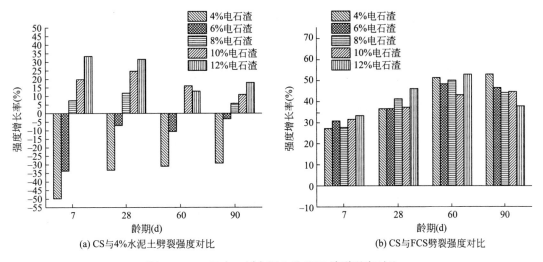

(a) CS与4%水泥土劈裂强度对比　　　　(b) CS与FCS劈裂强度对比

图 4.1-18　CS 与 4% 水泥土及 FCS 劈裂强度对比

抗压回弹模量计算。

$$E_c = \frac{ph}{l} \tag{4-18}$$

式中　$E_c$——抗压回弹模量（MPa）；

　　　$p$——单位压力（MPa）；

　　　$h$——试件高度（mm）；

　　　$l$——试件回弹变形（mm）。

CS 抗压回弹模量试验结果如图 4.1-19 所示，FCS 抗压回弹模量试验结果如图 4.1-20
所示。

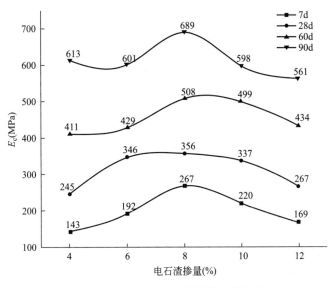

图 4.1-19　CS 抗压回弹模量变化趋势

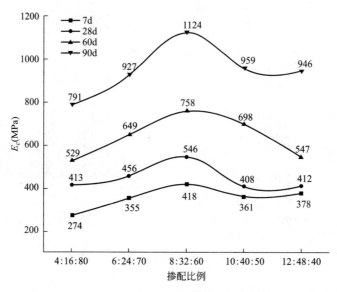

图 4.1-20　FCS 抗压回弹模量变化趋势

根据图 4.1-19 抗压回弹模量试验结果表明，CS 回弹模量随着电石渣掺量的增加先增长后降低，4％水泥土的 7d、28d、60d、90d 抗压回弹模量为 258MPa、386MPa、452MPa、591MPa。8％电石渣的抗压回弹模量与 4％水泥改良土的强度相差不大，但高于 4％水泥土的抗压回弹模量。

根据图 4.1-20 抗压回弹模量试验结果表明，电石渣粉煤灰稳定土的抗压回弹模量呈现先增大后减小的趋势，90d 最大抗压回弹模量为 1124MPa，最佳掺配比例为 8∶32∶60，相同电石渣掺量下，掺入粉煤灰前后抗压回弹模量强度变化较大，掺入粉煤灰改良土效果更为显著且强度更高，变形更小，承载能力表现更为稳定，说明电石渣粉煤灰稳定土具有更好的抗变形能力。

根据图 4.1-21 试验结果表明，4％水泥改良土与 CS 的回弹模量改良效果并不明显，当电石渣掺量为 8％时，其回弹模量与 4％水泥土 7d、60d、90d 为正增长率，28d 回弹模量增长率为−8.4％，其余四个掺量的 CS 与 4％水泥土相比 7d、28d 均为负增长率，随着养护龄期的增长，CS 的回弹模量逐渐提高，逐渐高于 4％水泥土的回弹模量，说明对于 CS 来讲，其早期抵抗变形能力较差，但随着时间的延长，其回弹模量逐渐增大，抵抗变形能力也逐渐增强，其中 8％电石渣掺量的稳定土效果最佳；根据图 4.1-21 FCS 与 CS 的对比来看，FCS 的抗压回弹模量均高于 CS，均为正增长率，并且 7d 回弹模量增长率最快，远远优于 CS 的抗压回弹模量，说明粉煤灰的加入能够显著增强稳定土的回弹模量，增大其抵抗变形的能力，这与抗压强度的增长变化趋势较为一致，其反应机理也相差不大。

（6）承载比（CBR）试验

按照《公路土工试验规程》JTG 3430—2020 中 T 0134—2019 方法进行承载比（CBR）试验，称取试筒自身质量记为 $m_1$，采用击实方法进行击实成型，按照最佳击实试验确定的最佳含水量进行洒水闷料 12h 以上，击实完成后称取试筒和试件的质量记为 $m_2$。

浸水膨胀量的测定：按照标准击实方法完成试件的击实，击实筒的内部放置一个多孔

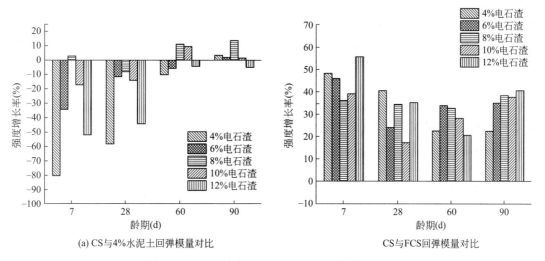

(a) CS与4%水泥土回弹模量对比　　　　　CS与FCS回弹模量对比

图 4.1-21　4％水泥土、CS 和 FCS 回弹模量对比

板，多孔板内放置八块半月形的荷载板，然后在击实筒的上部凹槽处放置一个支架，在支架上安装用于记录试件变形的百分表，并记录百分表的初读数，然后放入水槽中注水，浸泡四天后取出记录试件的变形量，按照式（4-19）计算试件的浸水膨胀量。

$$膨胀量 = \frac{泡水后试件高度变化量}{原试件高（120mm）} \times 100\% \qquad (4-19)$$

贯入试验：将泡水终了的试件在全自动路面材料试验仪上进行贯入试验，使贯入杆以 1mm/min 的速度压入试件，并按照式（4-20）进行承载比计算。

$$CBR_{2.5} = \frac{p}{7000} \times 100\% \qquad (4-20)$$

式中　$CBR_{2.5}$——承载比（％），精确至 0.1％；

　　　$p$——单位压力（kPa）。

CS 的承载比试验结果如图 4.1-22 所示，FCS 的承载比试验结果如图 4.1-23 所示。

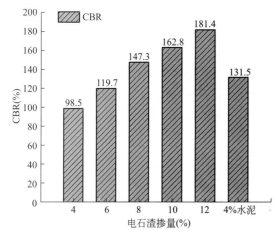

图 4.1-22　CS 承载比试验结果

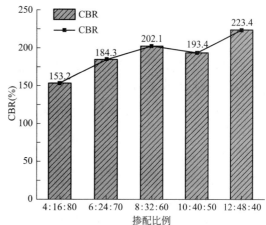

图 4.1-23　FCS 承载比试验结果

根据图 4.1-22 中 CBR 试验结果表明，随电石渣掺量的增加，电石渣稳定土承载比逐渐增大，4％水泥承载比为 131.5％，介于 6％～8％电石渣稳定土承载比强度之间，可以表明 8％电石渣掺量下承载比能够满足路基承载力的要求，且均满足《公路路基施工技术规范》JTG/T 3610—2019 的最小要求。

根据图 4.1-23 中 CBR 试验结果表明，电石渣粉煤灰改良土的承载比呈逐渐增大的趋势，最大承载比为 223.4MPa，与最小承载比相差 70.2％，完全满足《公路路基施工技术规范》JTG/T 3610—2019 中对路基填筑最小承载比的要求。

根据图 4.1-24 中对比发现，CS 在电石渣掺量为 8％以后的承载比与 4％水泥改良土相比增长率为正值，说明电石渣掺量为 8％以后的承载比可以达到 4％水泥改良土；对于 FCS 来讲，其承载比增长率均为正值，说明粉煤灰的加入，能够明显地提升稳定土的承载能力，提高路基强度稳定性。

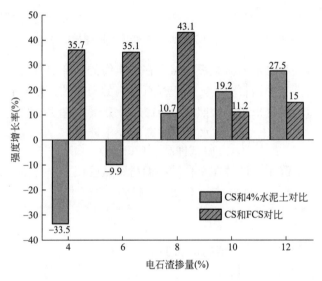

图 4.1-24　4％水泥土与 CS 和 FCS 承载比对比

### 6. 小结

本章节通过室内试验分析，对 CS 及 FCS 在不同掺量下的路用性能进行试验分析，主要结论有以下几点：

1）无侧限抗压强度试验结果表明：7d、28d 的电石渣粉煤灰结合料的最大抗压强度分别为 1.24MPa、5.61MPa，其余掺配比例的电石渣粉煤灰结合料均小于掺配比例为 20∶80 的抗压强度，由此确定电石渣粉煤灰结合料的最佳掺配比例为 20∶80（1∶4），随着电石渣掺量的增加 CS 的抗压强度先增大后减小，在电石渣掺量为 8％时达到峰值，FCS 的抗压强度随电石渣粉煤灰掺量的增加而出现先增大后减小的变化趋势，掺量为 8∶32∶60 时其抗压强度最佳；

2）劈裂强度以及承载比（CBR）试验结果表明：随着电石渣掺量的增多，其劈裂强度和承载比均呈增大趋势，CS 劈裂强度在电石渣掺量为 6％～8％时即能够达到 4％水泥改良土，FCS 掺配比例为 8∶32∶60 时其劈裂强度能够达到 4％水泥改良土劈裂强度；

3）抗压回弹模量试验结果表明：随着电石渣及粉煤灰掺量的增大，CS 及 FCS 的回弹模量呈先增大后减小的趋势，CS 的最佳掺配比例为 8∶92，7d、90d 最大抗压回弹模量分别为 267MPa、689MPa，是 4％水泥土的 3.4 倍和 14.2 倍，FCS 的最佳掺配比例为 8∶32∶60，7d、90d 最大抗压回弹模量为 418MPa、1124MPa；

　　综上，本书推荐电石渣粉煤灰最佳掺配比例为 1∶4，电石渣稳定土最佳掺配比例为 8∶92，电石渣粉煤灰稳定土最佳掺配比例为 8∶32∶60。

# 第 5 章　钢渣的资源化利用

## 5.1　钢渣在路面基层中的应用

### 1. 试验方案

为实现钢渣在基层中的应用，采用甲基硅酸钾溶液、硅丙乳液两种改性剂对钢渣进行改性处理，对不同改性时间、改性浓度、钢渣粒径等类型的改性钢渣进行物理力学性能测试，结合扫描电子显微镜（SEM）研究两种改性剂的改性机理，优选出改性效果较好的改性方法。选用钢渣和改性钢渣替代碎石，结合矿物细掺料抑制钢渣体积膨胀方法，组成多组混合料配合比。研究不同配比下的混合料性能随水泥掺量、钢渣替代方式、养护龄期的变化规律，对比分析钢渣改性前后对混合料力学性能的影响，并优化配合比；通过冻融循环试验和干缩试验进一步评价混合料的耐久性能。

### 2. 改性钢渣的制备

（1）改性材料

本研究采用的甲基硅酸钾溶液（Potassium Methylsilicate，PM）和硅丙乳液（Silicone Acrylic Emulsion，SAE）材料均具有良好的斥水性，其材料分析结果见表 5.1-1，样品如图 5.1-1 所示。

改性剂指标分析结果　　　　　　　　　　　　　　　　　　　　表 5.1-1

| 名称 | 外观 | 固含量（%） | pH | 密度(25℃)(g/cm³) | 倍半氧硅烷含量(%) | 斥水性 |
|---|---|---|---|---|---|---|
| 甲基硅酸钾溶液 | 略带黄色透明液体 | 35 | 13 | 1.18 | 21 | 优 |
| 硅丙乳液 | 乳白色微蓝光液体 | 45 | 6.5~7.5 | — | — | 优 |

(a) 甲基硅酸钾溶液

(b) 硅丙乳液

图 5.1-1　改性剂

（2）改性方法

研究表明，集料表面改性方法主要有机械拌合法、溶液喷雾法、溶液浸渍法三种。室内试验时，机械拌合法是向集料中加入一定比例的改性剂材料，通过机械或人工搅拌使得钢渣表面形成改性层，达到改性效果；喷雾法是通常将已配置好的改性试剂溶液以喷洒的方式将改性剂留存在钢渣表面，此方式可大幅度减少改性剂的用量，但受集料孔隙和表面平整度影响较大，且单次处理效果较差，需多次喷淋；溶液浸渍法是将集料浸泡在改性试剂溶液中，最大程度地增加集料与改性试剂溶液的接触面积，经风干处理后，即可得到表面改性钢渣。三种方法各有优点，但考虑到此次研究所用改性试剂材料以及课题组前期的相关成果，选择溶液浸渍法对钢渣进行表面改性处理。

由于钢渣表面粗糙多孔，若使改性剂完全充斥和布满钢渣表面较为困难，为探究改性剂对钢渣表面的改性效果，依据改性剂材料本身特点，将甲基硅酸钾溶液稀释为 1wt％、2wt％、3wt％、4wt％；硅丙乳液稀释为 3wt％、6wt％、9wt％、12wt％四种情况对钢渣表面进行改性处理，且两种改性剂浓度设定均为逐渐增大。最后通过室内试验对比分析钢渣改性前后的吸水率、疏水性、抗水侵蚀能力、浸水膨胀率、表观形貌，并以此作为最终确定改性材料用量的依据。表 5.1-2 为本次试验的改性方案。

钢渣改性方案　　　　　　　　　　　　　　　　　表 5.1-2

| 改性剂 | 改性剂浓度（wt％） | 改性处理时间（h） | 钢渣粒径（mm） |
|---|---|---|---|
| 甲基硅酸钾溶液 | 1、2、3、4 | 1、6、12、24 | 4.75～9.5 |
| | | | 9.5～13.2 |
| 硅丙乳液 | 3、6、9、12 | | 19～26.5 |

注：1 在后续文章中普通钢渣记为 SSA；甲基硅酸钾溶液改性钢渣记为 PMSSA；硅丙乳液改性钢渣记为 SAESSA，若其中某一符号含义发生变动，会特别说明。

　　2 wt％代表重量含量百分比。

以溶液浸渍法作为钢渣表面改性方法，将不同改性剂浓度、浸渍时间作为影响钢渣表面改性效果的主要因素，根据钢渣集料筛分结果，选取 4.75～9.5mm、9.5～13.2mm、19～26.5mm 粒径钢渣作为改性研究对象。主要处理过程分为以下几个步骤：①取一定质量的钢渣，采用清水去除其表面灰尘和杂质，然后进行烘干处理以得到相对洁净的钢渣；②将不同粒径相同质量的钢渣置于不同浓度改性剂溶液中，浸泡 1h、6h、12h、24h，之后自然风干 5～7h 得到改性钢渣。最后对所得改性钢渣的吸水率、疏水性、抗水侵蚀性能、浸水膨胀率等基本性能进行测试。钢渣改性浸渍处理如图 5.1-2 所示。

**3. 改性钢渣的基本性能研究**

（1）吸水率

钢渣表面粗糙多孔且内部水化活性成分较高，导致其吸水率高于一般的天然集料，甚至难以满足相应的规范要求，采用表面改性处理方法，可提高其表面疏水性能，在一定程度上降低钢渣吸水能力。

按照《公路工程集料试验规程》JTG E42—2005 采用网篮法来测试钢渣粗集料的吸水率，试验步骤大致分为四步：①按四分法取不同档集料放置在塑料方盆中，向其中加水至高出集料表面 20mm 左右，如图 5.1-3 所示，轻轻搅拌集料直至其表面气泡完全消失，在室温下浸泡 24h；②浸泡完成后，将盆中钢渣粗集料放入网篮中，然后称量其水中质量

(a) PM浸渍钢渣　　　　　　　　　　　　　　(b) SAE浸渍钢渣

图 5.1-2　钢渣改性浸渍处理

图 5.1-3　吸水率试验

（$m_w$）③取出网篮中的钢渣，用干燥洁净的毛巾擦去钢渣表面水分，直至表面不再出现水迹，然后立刻称取钢渣粗集料的表干质量（$m_f$）；④将称取完成后的钢渣粗集料立刻放入铁盘中，将钢渣粗集料放置在温度为 105±5℃的烘箱中烘干至恒重，此过程大约需要 4～6h；⑤将烘干的钢渣取出并冷却至室温，称其质量（$m_a$），对相同粒径钢渣进行两次试验，并按式（5-1）计算集料吸水率（$\omega_x$），并取平均值作为最终的试验结果。改性剂 PM 和改性剂 SAE 处理后的钢渣吸水率结果见表 5.1-3 和表 5.1-4。

$$\omega_x = \frac{m_f - m_a}{m_a} \times 100\% \tag{5-1}$$

表 5.1-3 和表 5.1-4 给出了不同粒径钢渣、不同改性剂及改性剂浓度、不同改性处理时间的吸水率测试结果，可以看出不同粒径范围内的钢渣吸水率受改性剂浓度、改性处理时间影响较大，下面将针对改性剂种类、改性剂浓度、改性处理时间进行依次分析：

**PMSSA 集料吸水率结果**　　　　　　　表 5.1-3

| 粒径尺寸<br>（mm） | PM 浓度<br>（wt%） | 不同改性处理时间下的钢渣吸水率（%） | | | |
|---|---|---|---|---|---|
| | | 1h | 6h | 12h | 24h |
| 4.75～9.5 | 1 | 1.69 | 1.62 | 1.70 | 1.71 |
| | 2 | 1.45 | 1.45 | 1.05 | 1.04 |
| | 3 | 1.19 | 1.07 | 1.02 | 1.15 |
| | 4 | 1.18 | 1.16 | 1.22 | 1.24 |
| 9.5～13.2 | 1 | 1.33 | 1.34 | 1.22 | 1.28 |
| | 2 | 1.13 | 1.16 | 1.06 | 1.09 |
| | 3 | 0.79 | 0.76 | 0.75 | 0.78 |
| | 4 | 0.86 | 0.87 | 0.92 | 0.98 |
| 19～26.5 | 1 | 0.77 | 0.49 | 0.62 | 0.72 |
| | 2 | 0.51 | 0.48 | 0.51 | 0.55 |
| | 3 | 0.49 | 0.48 | 0.46 | 0.53 |
| | 4 | 0.52 | 0.64 | 0.68 | 0.70 |

**SAESSA 集料吸水率结果**　　　　　　　表 5.1-4

| 粒径尺寸<br>（mm） | SAE 浓度<br>（wt%） | 不同改性处理时间下的钢渣吸水率（%） | | | |
|---|---|---|---|---|---|
| | | 1h | 6h | 12h | 24h |
| 4.75～9.5 | 3 | 1.69 | 1.62 | 1.55 | 1.58 |
| | 6 | 1.58 | 1.40 | 1.29 | 1.33 |
| | 9 | 1.53 | 1.36 | 1.28 | 1.29 |
| | 12 | 1.48 | 1.19 | 1.12 | 1.15 |
| 9.5～13.2 | 3 | 1.59 | 1.49 | 1.36 | 1.37 |
| | 6 | 1.38 | 0.96 | 1.12 | 1.17 |
| | 9 | 1.33 | 1.25 | 1.16 | 1.20 |
| | 12 | 1.29 | 1.20 | 1.10 | 1.17 |
| 19～26.5 | 3 | 0.85 | 0.71 | 0.68 | 0.69 |
| | 6 | 0.79 | 0.65 | 0.65 | 0.67 |
| | 9 | 0.74 | 0.63 | 0.60 | 0.64 |
| | 12 | 0.65 | 0.61 | 0.57 | 0.58 |

1）在相同改性剂浓度及改性处理时间下，两种改性剂对钢渣吸水率有着不同程度的降低效果，从表 5.1-3 和表 5.1-4 的数据可知，PM 对降低钢渣吸水率的能力明显优于 SAE，前者使得钢渣吸水率大幅度降低，随着前者浓度不断增加，其吸水率甚至一度接近天然集料，而后者虽可降低钢渣吸水率，但效果甚微，当改性剂 SAE 浓度为 3wt% 时，钢渣的吸水率几乎没有变化。以 4.75～9.5mm 粒径范围内的钢渣为例（图 5.1-4a），当改性处理时间为 12h 时，与此粒径下未改性钢渣的吸水率相比，3wt% 的 PM 和 12wt% 的 SAE 使得钢渣吸水率分别降低了 43.3%、37.8%，说明 PM 降低钢渣的吸水能力优

于 SAE。

2）在同种改性剂和改性处理时间下，钢渣吸水率均随着两种改性剂浓度的增加呈降低趋势。以 9.5～13.2mm 粒径范围内的钢渣为例（图 5.1-4b），当改性处理时间为 12h，改性剂 PM 和改性剂 SAE 的浓度分别在 3wt％和 12wt％时，钢渣吸水率降到最低，分别为 0.75％、1.10％，说明两种改性剂均对提高钢渣表面疏水性能有着积极的促进作用，其中达到最佳疏水效果时改性剂 SAE 用量高于改性剂 PM。

3）在同种改性剂和改性剂浓度下，改性处理时间对降低吸水率也有着一定的影响。以 19～26.5mm 粒径范围内的钢渣为例（图 5.1-4c），两种改性剂在一定浓度时，钢渣的吸水率有增有减，但均低于普通钢渣，出现此现象的主要原因在于钢渣表面构造上的差异以及改性钢渣在养生过程中由于湿度、温度等问题导致其表面成膜效果较差，进而影响改性剂的改性效果。由表 5.1-3 和表 5.1-4 数据还可知，改性剂 PM 达到最佳改性效果所需的改性时间要少于改性剂 SAE。

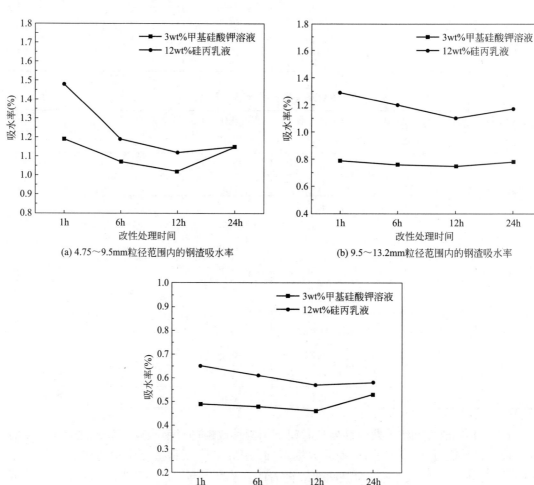

(a) 4.75～9.5mm粒径范围内的钢渣吸水率

(b) 9.5～13.2mm粒径范围内的钢渣吸水率

(c) 19～26.5mm粒径范围内的钢渣吸水率

图 5.1-4　改性钢渣吸水率

综上所述，两种改性剂对降低钢渣吸水率有着不同程度的降低效果，根据表中数据对比分析后发现，改性剂 PM 和改性剂 SAE 在浓度分别为 3wt％、12wt％，改性处理时间为 12h 时，两种改性剂对钢渣的吸水能力具有较好的改善效果，因此接下来在研究钢渣疏水性、抗水侵蚀性、浸水膨胀率等基本性能时，均采用此浓度下的两种改性剂以及改性处理时间。

（2）疏水性

钢渣经改性处理后，其表面会形成疏水膜，降低外界水对钢渣表面的黏附力，延缓钢渣内部膨胀组分的反应速率。PM、SAE 两种改性试剂均具有较好的疏水性，但钢渣表面质地以及改性工艺对钢渣表面的疏水性有一定程度的影响，因此对钢渣疏水性的研究十分重要。

现阶段对集料表面疏水性的研究相对较少，绝大部分凭借观察法来评价集料的疏水与否，然而采用此类方式评价集料疏水性较为主观，受人为因素影响较大，不能准确地反映材料的疏水性能。研究表明，液体受集料表面张力影响会随着集料表面本身疏水性能的不同而不同程度地向四周延伸扩展，致使液滴与集料表面的接触面积逐渐增大，采用接触角来定量表示集料表面的疏水性能则可以真实地反映出集料的疏水性，接触角 $\theta_e$ 计算示意图如图 5.1-5 所示。

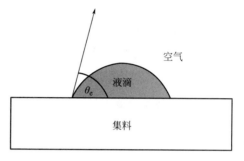

图 5.1-5 接触角计算示意图

当前接触角测试方法主要有称重法和图像分析法，前者通过测量表面张力的平板法来测定接触角值；图像分析法则是现阶段应用最广泛，测量结果最直观且精确的方法，其主要原理是将液滴滴于试验样品表面，采用数码相机获取液滴在样品表面的外形轮廓图像，再应用图像处理软件与相关算法计算出图中的固液接触角。

参考文献中对固液接触角的测量方法，按照以下步骤来计算出液滴在改性前后钢渣表面的接触角，具体步骤如下：

1）分别选取三个表面平整且洗净烘干的钢渣；

2）对其中的两个钢渣分别用改性剂 PM 和改性剂 SAE 进行表面改性处理，室温且通风条件下完成固化，作为试验组，剩余一块不做改性处理，作为对照组；

3）采用滴管分别在三块钢渣相对平整的表面滴一滴液滴；

4）利用数码相机每隔 5min 拍摄液滴在钢渣表面的形态变化；

5）利用图像处理软件处理图像，并计算固液接触角。

根据以上步骤，拍摄记录钢渣表面液滴的形态变化，对比分析钢渣经不同改性剂改性处理前后接触角的变化，如图 5.1-6 所示（左侧为 PMSSA、中间为 SAESSA、右边为 SSA）。

由图 5.1-6 可以看出，钢渣经两种改性剂改性处理后，表面疏水能力得到不同程度的提高，当液滴滴落在 PMSSA 上时，液滴可以保持良好的形态，一段时间后液滴扩散幅度较小，而未经改性处理的钢渣则不同，当液滴滴落在钢渣表面时，液滴大部分随即浸入钢渣中，最后逐渐浸润消失，表明钢渣具有极强的亲水性，若不进行相关处理，可能会导致

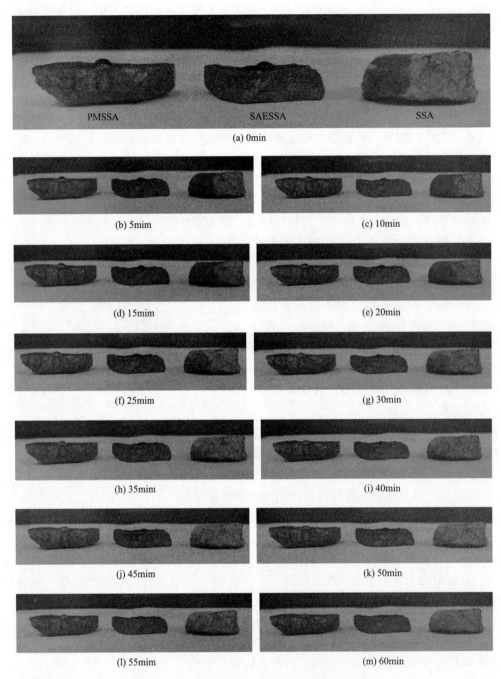

(a) 0min

(b) 5mim

(c) 10min

(d) 15mim

(e) 20min

(f) 25mim

(g) 30min

(h) 35mim

(i) 40min

(j) 45mim

(k) 50min

(l) 55mim

(m) 60min

图 5.1-6　液滴在钢渣改性前后表面形态变化

其达不到规范的使用要求。不同改性剂处理钢渣后的固液接触角变化如图 5.1-7 所示。

从图 5.1-7 中可以看出，随着液滴在改性钢渣表面停留时间的推移，固液接触角逐渐降低，分析原因主要有两点：①液滴刚滴落在钢渣表面时，液滴并未稳定，会向四周扩散以达到平衡状态，由于本次测量时间较长，水分的蒸发也会影响接触角的测量；②钢渣表面改性效果上的差异，从图 5.1-7 中 60min 处可以发现，改性剂 PM 处理后钢渣的固液接

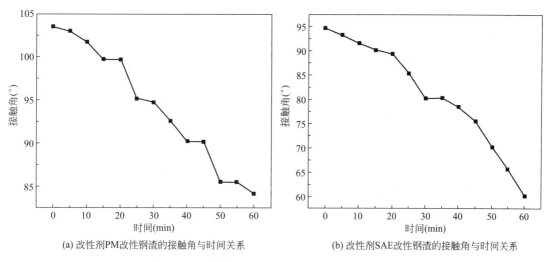

(a) 改性剂PM改性钢渣的接触角与时间关系                    (b) 改性剂SAE改性钢渣的接触角与时间关系

图 5.1-7    不同改性剂处理后的钢渣固液接触角变化

触角为 84.2°，而改性剂 SAE 处理后钢渣的固液接触角为 60.3°。在整个过程中，改性剂 PM 处理后钢渣接触角的变化范围为 84.2°～103.5°，改性剂 SAE 处理后钢渣接触角的变化范围为 60.3°～94.7°，由此可见，钢渣经 PM 改性剂改性处理后的疏水性能有所提高，能够减少水对钢渣性能的影响，而 SAE 的改性效果则相对较低。

（3）抗水侵蚀性能

钢渣所存在的活性物质在富水环境下会发生水化反应，随着反应的不断进行，钢渣自身约束力逐渐减小，最终导致钢渣发生开裂。由于钢渣在普通环境下发生体积膨胀是一个漫长的过程，为研究表面改性对抑制钢渣体积膨胀的有效性，参考文献中对钢渣抗水侵蚀的试验方法，分别将改性前后 4.75～9.5mm、9.5～13.2mm、19～26.5mm 的 SSA、PMSSA、SAESSA 集料置于 60℃的富水环境中 15d、30d、45d、60d，统计钢渣的胀裂情况，试验如图 5.1-8 所示。钢渣改性前后在 60℃的胀裂情况见表 5.1-5、表 5.1-6、表 5.1-7、表 5.1-8。

(a) 60℃水浴                                        (b) 胀裂钢渣

图 5.1-8    水侵蚀试验

钢渣集料水侵蚀 15d 的胀裂情况（%）　　　　　表 5.1-5

| 集料类型 | 集料粒径(mm) | | |
|---|---|---|---|
| | 4.75～9.5 | 9.5～13.2 | 19～26.5 |
| SSA | 2.12 | 12.36 | 16.72 |
| PMSSA | 0.48 | 1.23 | 3.46 |
| SAESSA | 1.45 | 9.78 | 11.83 |

钢渣集料水侵蚀 30d 的胀裂情况（%）　　　　　表 5.1-6

| 集料类型 | 集料粒径(mm) | | |
|---|---|---|---|
| | 4.75～9.5 | 9.5～13.2 | 19～26.5 |
| SSA | 3.41 | 15.32 | 18.01 |
| PMSSA | 0.76 | 2.16 | 4.18 |
| SAESSA | 2.45 | 10.52 | 13.47 |

钢渣集料水侵蚀 45d 的胀裂情况（%）　　　　　表 5.1-7

| 集料类型 | 集料粒径(mm) | | |
|---|---|---|---|
| | 4.75～9.5 | 9.5～13.2 | 19～26.5 |
| SSA | 4.76 | 16.48 | 19.64 |
| PMSSA | 0.89 | 2.36 | 5.12 |
| SAESSA | 2.98 | 11.03 | 14.28 |

钢渣集料水侵蚀 60d 的胀裂情况（%）　　　　　表 5.1-8

| 集料类型 | 集料粒径(mm) | | |
|---|---|---|---|
| | 4.75～9.5 | 9.5～13.2 | 19～26.5 |
| SSA | 5.34 | 17.26 | 20.83 |
| PMSSA | 0.92 | 2.68 | 5.46 |
| SAESSA | 3.12 | 11.62 | 14.82 |

改性钢渣与未改性钢渣水侵蚀后膨胀率变化见图 5.1-9～图 5.1-13。

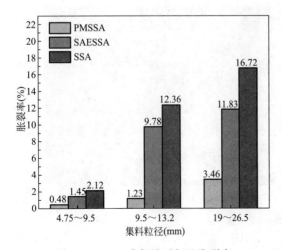

图 5.1-9　15d 水侵蚀后钢渣胀裂率

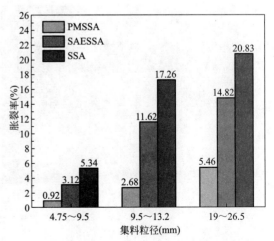

图 5.1-10　60d 水侵蚀后钢渣胀裂率

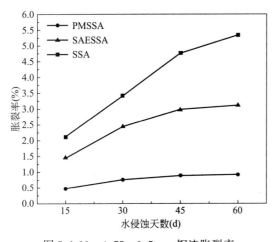

图 5.1-11　4.75～9.5mm 钢渣胀裂率
与水侵蚀时间关系

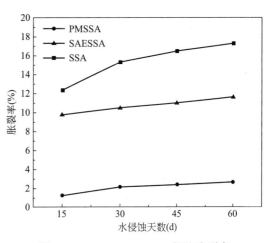

图 5.1-12　9.5～13.2mm 钢渣胀裂率
与水侵蚀时间关系

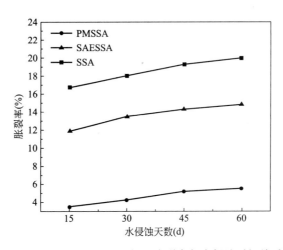

图 5.1-13　19～26.5mm 钢渣胀裂率与水侵蚀时间关系

由图 5.1-9、图 5.1-10 可知，无论钢渣改性与否，其胀裂率均随着水侵蚀时间的增加而增加，总体上不同粒径范围内的 PMSSA 胀裂率明显低于 SAESSA 与 SSA。15d 水侵蚀后，4.75～9.5mmPMASSA 胀裂率仅为 0.48%，说明短期内钢渣受水侵蚀影响较小，基本不会引起 4.75～9.5mm 的 PMASSA 发生胀裂；9.5～13.2mm 的 PMASSA 胀裂幅度较小（胀裂率仅为 1.23%），远远低于相同粒径的 SAESSA 和 SSA 的胀裂率（9.78%、12.36%）。19～26.5mm 的 SAESSA 和 SSA 胀裂率（11.83%、16.72%）仍高于 PMSSA 胀裂率（3.46%）。分析原因可知，未经改性处理的 SSA 表面存在大量孔隙，当 SSA 与水直接接触时，SSA 中的**游离氧化钙**容易与水发生水化反应，最终导致 SSA 最先胀裂且胀裂率较高；经改性剂 SAE 处理后的钢渣经 15d 水侵蚀后，其胀裂率虽比未改性钢渣低，但仍高于改性剂 PM 处理的钢渣，这是因为改性剂 SAE 虽可填充钢渣表面大部分孔隙，但由于钢渣表面到界面过渡区的改性层存在微小孔隙，当改性钢渣与水接触时，水会通过这些孔隙进入钢渣内部，**导致 SAESSA 发生胀裂**。水侵蚀时间的延长，由图 5.1-10 可知，水侵蚀 60d 后不同粒径的 PMSSA、SAESSA、SSA 胀裂率有所提高，改性剂 PM 对抑制相同粒径范围钢渣的胀裂效果仍好于改性剂 SAE。4.75～9.5mm 的 PMSSA 胀裂率增长幅度最小，仅为 0.92%，对比相同粒径下的 SAESSA 胀裂率，前者几乎没有增长，说明改性剂 PM 可极大程度地抑制 4.75～9.5mm 钢渣的开裂。从上述图中还可发现，钢渣粒径也是影响其胀裂率的因素，随着钢渣粒径的增加，胀裂率也有着不同程度的增长。

三种粒径钢渣的胀裂率随时间变化趋势如图 5.1-11～图 5.1-13 所示。可知，PMSSA、SAESSA、SSA 的胀裂率随水侵蚀时间的延长而逐渐增加，其中 PMSSA、SAESSA 的增长速率较为缓慢，4.75～9.5mm 的 PMSSA 的增长速率最小，SAESSA 次之，SSA 最大，发生此现象的主要原因是不同改性剂的改性效果以及钢渣本身表面形貌情况。由图 5.1-11 中还可看出，4.75～9.5mm 的 PMSSA、SAESSA、SSA 胀裂率在 45d 后增长率有所放缓，这是由于钢渣中随着水侵蚀的不断进行，钢渣中的活性物质逐渐与水反应而消耗殆尽，进而导致钢渣胀裂率的增长速率变小。

（4）浸水膨胀率

钢渣含有 f-CaO、f-MgO 等活性成分，该成分遇水容易发生反应，其生成物会引起钢渣体积膨胀，未经处理过的钢渣直接应用在路面时，会造成路面损坏严重影响其使用寿命，因而采用浸水膨胀率评价表面改性对钢渣体积膨胀的抑制效果。本节根据浸水膨胀率的试验方法，针对制备水泥稳定碎石钢渣混合料所采用的三种粒径范围（4.75～9.5mm、9.5～13.2mm、19～26.5mm）进行钢渣改性后的浸水膨胀率试验，并与未改性钢渣进行对比分析。

不同粒径范围内的钢渣改性前后浸水膨胀率随时间变化情况如下图 5.1-14～图 5.1-19 所示。

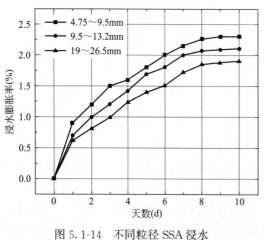

图 5.1-14　不同粒径 SSA 浸水
膨胀率与时间关系

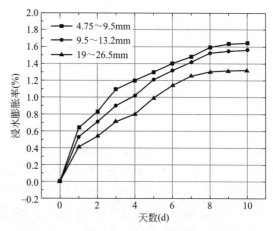

图 5.1-15　不同粒径 PMSSA 浸水
膨胀率与时间关系

1）同种类型不同粒径钢渣浸水膨胀率随时间变化

从图 5.1-14～图 5.1-16 中可见，两种改性剂处理后的钢渣浸水膨胀率明显低于普通钢渣，说明表面改性处理对抑制钢渣体积膨胀具有明显效果，但两者对抑制钢渣体积膨胀效果却存在差异，4.75～9.5mm、9.5～13.2mm、19～26.5mm 粒径的 PMSSA 膨胀率最

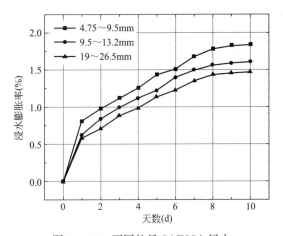

图 5.1-16　不同粒径 SAESSA 浸水
膨胀率与时间关系

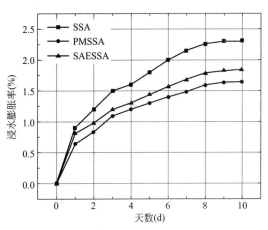

图 5.1-17　4.75～9.5mm 粒径钢渣
改性前后膨胀率与时间关系

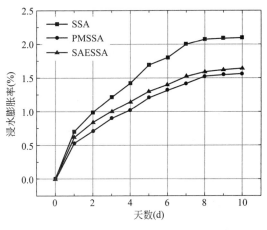

图 5.1-18　9.5～13.2mm 粒径钢渣改性
前后膨胀率与时间关系

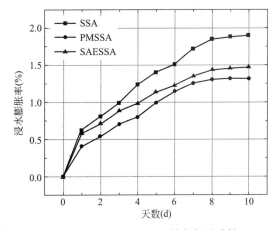

图 5.1-19　19～26.5mm 粒径钢渣改性
前后膨胀率与时间关系

终为 1.64%、1.56%、1.32%，而 SAESSA 的浸水膨胀率为 1.84%、1.61%、1.47%，说明改性剂 PM 抑制钢渣体积膨胀效果要优于 SAE。对于普通钢渣，钢渣粒径越小，膨胀率越大，这是由于小粒径钢渣自身比表面积较大，在富水环境下，钢渣吸水能力强，内部膨胀组分容易与水发生水化反应，导致钢渣体积膨胀率较大；经改性处理后，钢渣浸水膨胀率有所降低，其中经两种改性剂处理后的 4.75～9.5mm 钢渣膨胀率降低尤为明显，这是由于改性工艺与成型试件共同作用导致的，钢渣粒径越小，经击实后，试件结构越紧实，抵抗水分侵入的能力增强。对于 9.5～13.2mm、19～26.5mm 粒径钢渣降低幅度较小，主要原因一方面来自大粒径钢渣本身膨胀率低于小粒径钢渣，经改性处理后虽可进一步减小膨胀率，但降低幅度较低；另一方面原因仍出自成型试件的空隙率，大粒径钢渣试件击实成型后存在大量空隙，这些空隙可为钢渣膨胀提供一部分缓冲空间。

2）不同粒径钢渣改性前后浸水膨胀率随时间变化

不同粒径钢渣改性前后浸水膨胀率变化情况如图 5.1-17～图 5.1-19 所示。可知，相同粒径下不同改性剂对钢渣抑制体积效果也存在差异，4.75～9.5mm、9.5～13.2mm、19～26.5mm 粒径的 PMSSA 膨胀率与未改性钢渣相比降低了 28.7%、25.7%、30.5%，SAESSA 降低了 20%、23.3%、22.6%，同上述一样，这是由钢渣本身性质、改性工艺和钢渣试件密实程度决定的。从图中可以看出，普通钢渣膨胀率在试验前期增长速率比改性钢渣快，这是由于钢渣在浸水前期，普通钢渣由于表面没有改性层，水分可快速进入钢渣内部，发生水化反应而导致体积发生膨胀，而改性钢渣由于表面改性层具有阻水作用，减缓了钢渣体积膨胀速度；随着试验继续进行，普通钢渣膨胀率增长速度有所下降，这是由于未改性钢渣前期进行水化反应而消耗大量活性成分所致，而改性钢渣虽不断受到水的侵蚀作用，但由于钢渣表面改性层具有良好的疏水性，因此使得钢渣的膨胀率低于普通钢渣。由此可见钢渣表面改性在富水情况下可延缓钢渣内部活性成分的水化反应速率，进而达到降低钢渣体积膨胀率的目的。

（5）钢渣表面改性机理研究

钢渣表面存在较多微小孔隙，是导致钢渣吸水能力较强，体积稳定性较差的原因之一。前文已通过吸水率、浸水膨胀率、疏水性等宏观试验测试了钢渣改性前后的性能，为更深入研究钢渣改性机理，本节从微观角度出发，采用扫描电镜观察并分析钢渣改性处理后表面结构的变化情况。图 5.1-20 为不同改性剂改性处理后的钢渣 SEM 照片。

未改性钢渣、PM、SAE 改性钢渣的表观形貌如图 5.1-20 所示，从图 5.1-20a 中可见，未改性的陈化钢渣具有表面粗糙、凹凸不平、沟壑结构清晰可见等特点，而经 PM 和 SAE 处理后的钢渣表面孔隙被填充，其表面变得更为平整，说明两种改性剂均对钢渣表面具有一定的改性效果，填补了未改性钢渣原有的表观形貌。对比图 5.1-20b 和图 5.1-20c 可知，经 SAE 改性后，SAESSA 表面的改性层比 PMSSA 表面更加致密，SAE 改性效果优于后者，但过于致密平整的表面将不利于钢渣与胶凝材料的作用，可能削弱集料间的嵌挤能力，造成试件内部结构稳定性不足。图 5.1-20b 中的 PM 改性钢渣经放大 1000 倍后观察发现钢渣表面存在部分裂缝，此现象发生的原因一方面可归结于钢渣的改性处理方式，观察发现，改性钢渣在室内通风成膜过程中，有较多改性剂溶液通过流淌、滴落等方式离开钢渣表面，影响钢渣改性效果；另一方面，可能是钢渣在改性过程中，表面逐渐被改性剂和钢渣水化反应生成的水化硅酸钙（C-S-H）凝胶所包裹，当钢渣水化反应速率快于改性剂成膜速度时，聚集在钢渣表面的凝胶体积增加，导致改性层表面出现裂缝。

综上所述，表面改性处理钢渣的实质是通过改性剂和钢渣水化反应生成的水化硅酸钙（C-S-H）凝胶来填充钢渣表面孔隙，并在钢渣表面附着一层疏水薄膜，最终达到降低钢渣吸水能力、延缓钢渣内部活性物质反应速率、抑制钢渣体积膨胀的目的。

**4. 水泥稳定碎石钢渣混合料配合比设计**

（1）集料级配设计

根据《公路路面基层施工技术细则》JTG/T F20—2015 要求，选用骨架密实型级配的级配中值作为水泥稳定类基层的设计级配，旨在通过集料间的嵌挤作用来提高基层的强度，级配表如 5.1-9 所示，级配图如图 5.1-21 所示。

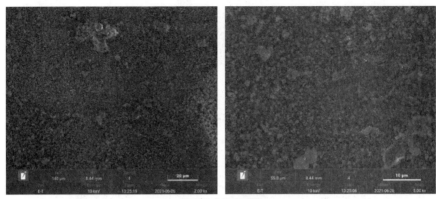

(a) SSA的SEM照片

(b) PMSSA的SEM照片

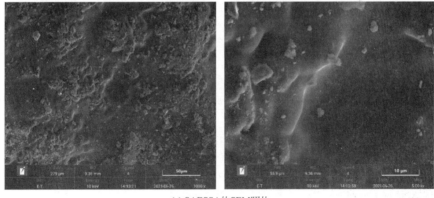

(c) SAESSA的SEM照片

图 5.1-20  钢渣改性前后的 SEM 照片

水泥稳定碎石试件的级配  表 5.1-9

| 筛孔尺寸(mm) | 31.5 | 19 | 9.5 | 4.75 | 2.36 | 0.6 | 0.075 |
| --- | --- | --- | --- | --- | --- | --- | --- |
| 级配上限 | 100 | 86 | 58 | 32 | 28 | 15 | 3 |
| 级配中值 | 100 | 77 | 48 | 27 | 22 | 11.5 | 1.5 |
| 级配下限 | 100 | 68 | 38 | 22 | 16 | 8 | 0 |
| 试验级配 | 100 | 77 | 48 | 27 | 22 | 11.5 | 1.5 |

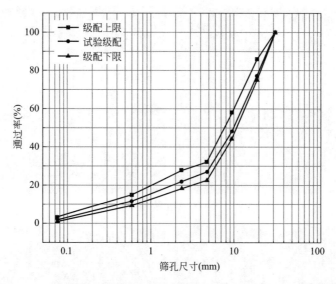

图 5.1-21　《公路路面基层施工技术细则》JTG/T F20—2015 要求级配

级配确定以后，确定将改性钢渣全部代替 4.75mm 以上的天然碎石粗集料。本研究选择对钢渣和碎石采用方孔筛进行逐级筛分以在试验时准确地按照质量进行逐级配料，虽然在此步骤上略显繁琐，但由此方式更能保证每个试件中钢渣和碎石用量的准确性。选择 4％水泥、5％水泥，组成 6 种配合比，配合比设计见表 5.1-10。

配合比设计　　　　　　　　　　　　　　　　　　表 5.1-10

| 类型 | 掺配方式 | |
|---|---|---|
| | 4％水泥 | 5％水泥 |
| NAM | A1 | C1 |
| SSAM | A2 | C2 |
| PMSSAM | A3 | C3 |

注：NAM 代表水泥稳定碎石混合料；SSAM 代表普通钢渣全部代替 4.75～26.5mm 粒径范围 NA 的水泥稳定碎石钢渣混合料；PMSSAM 代表改性钢渣全部代替 4.75～26.5mm 粒径范围 NA 的水泥稳定碎石改性钢渣混合料。

由于本次采用的替代方式为钢渣粗集料替代天然粗集料，虽与以往按比例向水泥稳定碎石混合料中掺配钢渣的方式有所不同，但所需解决的问题相同，即钢渣的密度远大于天然碎石，若直接将碎石替换为钢渣，则会导致级配变异，并且以此为依据来开展后续研究也将毫无意义。为此，本研究根据文献在钢渣沥青混合料中的矿料组成设计时所采用的钢渣等体积替换碎石算法，即体积-质量换算法进行试验。目的是保证制备的水泥稳定碎石钢渣混合料级配与设计级配更加贴近，其换算公式如式（5-2）所示。

$$P_{mi} = \frac{P_i \times \gamma_i}{\sum_{j=1}^{n} P_j \times \gamma_j} \tag{5-2}$$

式中　$n$——集料总档位数；

　　　$P_{mi}$——第 $i$ 档集料质量占矿质混合料总质量的比例，$1 \leqslant i \leqslant n$；

　$P_i$、$P_j$——第 $i$ 档和第 $j$ 档集料的体积占比；

$\gamma_i$、$\gamma_j$——第 $i$ 档和第 $j$ 档集料的毛体积相对密度。

按照公式中计算方法得到不同钢渣替代方式下级配的各筛孔的累计通过率，结果见表 5.1-11，级配图如图 5.1-22 所示。

不同替代方式下级配各筛孔的通过率（%）                表 5.1-11

| 筛孔尺寸(mm) | 31.5 | 19 | 9.5 | 4.75 | 2.36 | 0.6 | 0.075 |
|---|---|---|---|---|---|---|---|
| NAM | 100 | 77.00 | 48.00 | 27.00 | 22.00 | 11.50 | 1.50 |
| SSAM | 100 | 75.12 | 44.12 | 22.45 | 18.34 | 9.58 | 1.24 |
| PMSSAM | 100 | 74.84 | 44.00 | 22.76 | 18.59 | 9.71 | 1.26 |

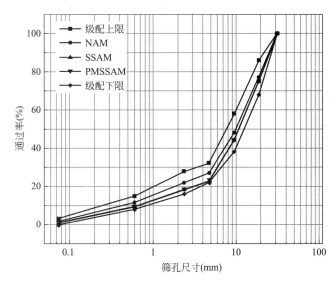

图 5.1-22 不同替代方式试件的级配图

从表中数据可知，水泥稳定碎石钢渣混合料级配满足规范要求，并且由累计通过率可以看出等体积换算后的钢渣粗集料用量将会增加，更加说明当混合料中存在两种或者多种集料时，进行等体积换算的必要性。

（2）击实试验

击实试验的目的是通过对试桶内的水泥稳定材料进行击实，得到水泥稳定碎石材料的含水量-干密度关系曲线，并通过此曲线得到混合料的最佳含水量和最大干密度。表 5.1-12 中明确阐述了无机结合料稳定材料击实方式的分类要求，采用丙法进行击实试验。

击实试验分类表                        表 5.1-12

| 类别 | 击实锤重量（kg） | 锤击面直径（mm） | 落高（cm） | 试筒尺寸 | | | 锤击层数 | 每层锤击次数 | 平均单位击实功（J） | 容积最大公称粒径（cm） |
|---|---|---|---|---|---|---|---|---|---|---|
| | | | | 内径（cm） | 高（cm） | 容积（cm³） | | | | |
| 甲 | 4.5 | 5.0 | 45 | 10 | 12.7 | 997 | 5 | 27 | 2.687 | 19 |
| 乙 | 4.5 | 5.0 | 45 | 15.2 | 12.0 | 2177 | 5 | 59 | 2.687 | 19 |
| 丙 | 4.5 | 5.0 | 45 | 15.2 | 12.0 | 2177 | 3 | 98 | 2.677 | 37.5 |

图 5.1-23　电动重型击实仪

结合前文得到的各替代方式下的级配，根据规范要求，本文将进行钢渣（包括普通钢渣与改性钢渣）粗集料全部代替天然碎石的水泥稳定碎石钢渣混合料击实试验。为保证击实频率的准确性、击实锤落点的均匀性，本试验采用电动击实仪来代替人工击实，电动击实仪如图 5.1-23 所示。

通过配料、闷料、拌合、击实、称重等严格按照规范中所要求的步骤进行试验后，得到不同替代方式水泥稳定碎石钢渣混合料的击实数据点，利用数据处理软件对所得数据进行二次拟合，得到一条凸形的二次抛物线，根据此抛物线确定最大干密度和最佳含水量。击实试验结果见表 5.1-13 和图 5.1-24。

混合料的最佳含水量和最大干密度如图 5.1-24 所示，可知，在相同水泥掺量下，含钢渣混合料的最大干密度大于未含钢渣混合料，这是由于钢渣密度大于天然碎石，故而在完成击实试验后所得数据前者大于后者；从图中可见，在相同水泥掺量下，不同配合比所对应的最佳含水量呈先增加后降低的趋势，说明钢渣经表面改性处理后，吸水能力有所下降，混合料的最佳含水量变化值仅在 1% 左右。

**不同水泥剂量下的击实试验结果**　　　　　　　　　　　　　表 5.1-13

| 代号 | A1 | A2 | A3 | C1 | C2 | C3 |
|---|---|---|---|---|---|---|
| 最佳含水量（%） | 4.2 | 5.1 | 4.6 | 4.6 | 5.6 | 5.2 |
| 最大干密度（g/cm³） | 2.363 | 2.662 | 2.412 | 2.473 | 2.687 | 2.672 |

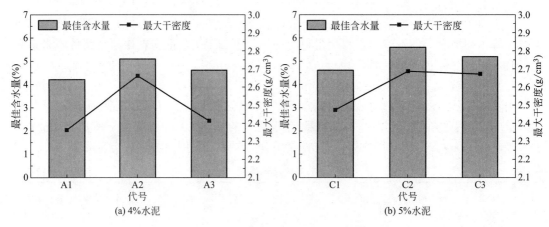

图 5.1-24　各配合比下混合料击实试验结果

（3）试件的制作与养生

根据《公路工程集料试验规程》JTG E42—2005，本次试验采用静力压实法成型试件，针对混合料基本力学试验要求，来制备按照配合比成型 9 个尺寸为 Φ150mm×150mm

的平行试件，针对干缩试验所需试件制备尺寸为 100mm×100mm×400mm 的棱柱体，且需按照配合比成型 12 个平行试件。试验时，选择相应的试模即可成型试验所需试件。在成型试件之前，将普通钢渣或改性钢渣、碎石集料放入袋子中，并用一定量的水将其充分浸润（注：此处所加水量应为除去最佳含水量的 1‰～2‰ 后剩余水量），随后立即将袋子密封好，以避免水分蒸发，这个过程需持续 4～6h。在试件成型 1h 内，准确称量所用粉煤灰、水泥和剩余水的质量，并将其加入到混合料中并充分搅拌，将搅拌完成后的混合料填入试模中，采用压力机静压成型，经稳压 2min 后，取下静置 4～8h，脱模，到此为成型试件的主要步骤。重复上述步骤成型试验所需试件后，称量试件质量，测量试件的高度以判断该试件是否满足规范要求，将试件放入养护室中分别养生至 7d、28d、60d、90d，之后根据不同试验龄期要求，取出养护完成的试件即可。试件的成型和养护见图 5.1-25、图 5.1-26。

(a) 拌合    (b) 装填    (c) 成型

(d) 脱模    (e) 标准养护    (f) 浸水养护

图 5.1-25  水泥稳定碎石钢渣混合料圆柱体试件成型与养护

（4）7d 无侧限抗压强度试验

将无侧限抗压强度试验试件养护 7d，测试不同配合比下的水泥稳定碎石钢渣混合料抗压强度，并以此优选出较佳的钢渣替代方式，为后续研究提供依据。无侧限抗压强度主要试验步骤为：①试件在养护完成前一天时，对试件取出进行浸水养生，时间为 24h；②养生结束后取出试件，测量试件尺寸；③将试件放置在压力机试验台上，并处于中间位置，

(a) 拌合　　　　　　　　(b) 装填　　　　　　　　(c) 击实成型

(d) 脱模　　　　　　　　(e) 标准养护　　　　　　　(f) 浸水养护

图 5.1-26　水泥稳定碎石钢渣混合料梁式试件成型与养护

控制加载速率保持在 1mm/min，记录试件破坏时的最大压力 $P$。试验过程如图 5.1-27 所示，试件的无侧限抗压强度按式（5-3）、式（5-4）计算。

$$R_c = \frac{P}{A} \tag{5-3}$$

$$A = \frac{1}{4}\pi D^2 \tag{5-4}$$

式中　$R_c$——无侧限抗压强度（MPa）；

　　　$P$——试件破坏时的最大压力值（N）；

　　　$A$——试件的横截面积（mm²）；

　　　$D$——试件直径（mm）。

　　所得试验结果应保留一位小数，并计算得出同组试件的变异系数，以确定本组试件是否满足要求，由于本试验所成型试件为大试件，因此变异系数（$C_v$）应小于等于 15%。若在计算过程中发现其不满足规范要求，应重新计算成型试件数量，并重新重复此试验过程，计算得到新的变异系数，直至满足 $C_v \leqslant 15\%$ 的要求。

　　本试验的最终结果以计算后所得的设计抗压强度为准，设计抗压强度按式（5-5）计算。

$$R_d = \overline{R}(1 - Z_a \cdot C_v) \tag{5-5}$$

式中　$R_d$——设计抗压强度（MPa）；

　　　$\overline{R}$——平均抗压强度（MPa）；

图 5.1-27　无侧限抗压强度试验

$Z_a$——标准正态分布表中随保证率或置信度 $\alpha$ 而变的系数，对于高速公路和一级公路取保证率 95%，相对应的 $Z_a = 1.645$；

$C_v$——变异系数（%）。

试验测得 6 种配比下的无侧限抗压强度如表 5.1-14 所示。

无侧限抗压强度试验结果　　　　　　　　　　表 5.1-14

| 代号 | $R_d$(MPa) | $C_v$(%) | 代号 | $R_d$(MPa) | $C_v$(%) |
|---|---|---|---|---|---|
| A1 | 3.6 | 8.2 | C1 | 4.6 | 6.5 |
| A2 | 4.9 | 7.6 | C2 | 6.1 | 6.8 |
| A3 | 2.8 | 8.1 | C3 | 3.0 | 6.9 |

不同配合比下，水泥稳定碎石混合料的 7d 无侧限抗压强度结果如表 5.1-14 所示。可知，各配比下混合料的抗压强度受水泥剂量影响，呈上升趋势，其中 A2、C2 的无侧限抗压强度最高，与 A1、C1 相比提高了 36.1%、32.6%，这是由于钢渣材料本身性质决定的，钢渣的强度高、硬度大，其力学性能优于天然碎石，因此可提升混合料的抗压强度。从表中还可看出，A3、C3 两类改性钢渣混合料的抗压强度不及未改性钢渣混合料，甚至低于水泥稳定碎石混合料的抗压强度，分析原因可能是钢渣经过表面改性处理后，吸水能力明显降低，钢渣表面较为光滑平整，使得改性钢渣与结合料的粘结能力下降，进而导致混凝土的强度降低。

（5）混合料配合比的优选

根据前文研究成果可知，改性钢渣全部代替天然碎石制得的水泥稳定碎石钢渣混合料 7d 无侧限抗压强度明显低于未掺钢渣的混合料抗压强度，如若按照此替代方式来研究混合料的力学性能、抗冻性以及干缩性能，恐将毫无应用价值，因此深入研究改性钢渣的替代方式就显得尤为重要。为提高钢渣利用率，将钢渣最大限度地应用于水泥稳定碎石基层中，本节拟将表面改性技术与掺矿物细掺料两种抑制钢渣体积膨胀方法相结合，并采用改性钢渣粗集料替代部分同粒径规格普通钢渣粗集料的方式，以提高改性钢渣混合料的体积稳定性和抗压性能。

1）不同配合比下混合料的级配设计

仍取骨架密实型级配的级配中值作为水泥稳定碎石钢渣混合料的设计级配，根据不同粒径钢渣改性前后浸水膨胀率的变化情况，确定将不同粒径改性钢渣（4.75～9.5mm、9.5～13.2mm、19～26.5mm）替代同粒径规格的未改性钢渣。文献提出适量的粉煤灰可抑制钢渣体积膨胀，因此结合本研究中钢渣的替代方式，选择4%水泥、5%水泥与10%粉煤灰用量，组成20种配合比，配合比设计见表5.1-15。

配合比设计 表5.1-15

| 类型 | 掺配方式 | | | |
| --- | --- | --- | --- | --- |
| | 4%水泥 | 4%水泥＋10%粉煤灰 | 5%水泥 | 5%水泥＋10%粉煤灰 |
| NAM | A1 | B1 | C1 | D1 |
| SSAM | A2 | B2 | C2 | D2 |
| IPMSSAM | A3 | B3 | C3 | D3 |
| IIPMSSAM | A4 | B4 | C4 | D4 |
| IIIPMSSAM | A5 | B5 | C5 | D5 |

注：NAM代表水泥稳定碎石混合料；SSAM代表普通钢渣全部代替4.75～26.5mm粒径范围NA的水泥稳定碎石钢渣混合料；IPMSSAM、IIPMSSAM、IIIPMSSAM分别代表不同类型改性钢渣单档代替4.75～9.5mm、9.5～13.2mm、19～26.5mm粒径范围SSA的水泥稳定碎石改性钢渣混合料。

按照式（5-2）中计算方法得到不同钢渣替代方式下级配的各筛孔的通过率，结果见表5.1-16，级配图如图5.1-28所示。

不同替代方式下级配各筛孔的通过率（%） 表5.1-16

| 筛孔尺寸(mm) | 31.5 | 19 | 9.5 | 4.75 | 2.36 | 0.6 | 0.075 |
| --- | --- | --- | --- | --- | --- | --- | --- |
| NAM | 100 | 77.00 | 48.00 | 27.00 | 22.00 | 11.50 | 1.50 |
| SSAM | 100 | 75.12 | 44.12 | 22.45 | 18.34 | 9.58 | 1.24 |
| IPMSSAM | 100 | 74.96 | 43.78 | 22.60 | 18.46 | 9.65 | 1.26 |
| IIPMSSAM | 100 | 74.78 | 43.97 | 22.75 | 18.58 | 9.71 | 1.26 |
| IIIPMSSAM | 100 | 74.99 | 43.75 | 22.64 | 18.49 | 9.66 | 1.25 |

从图5.1-28中可知，水泥稳定碎石改性钢渣混合料的级配受钢渣替代方式的影响较小，各个筛孔的通过率较为接近，因此可认为SSAM、IPMSSAM、IIPMSSAM、IIIPMSSAM四种类型混合料的级配一致。

2）不同配合比下混合料的最佳含水量与最大干密度

根据击实试验方法，测得不同替代方式下混合料的最大干密度和最佳含水量如表5.1-17、表5.1-18和图5.1-29所示。

各配合比混合料击实试验结果如表5.1-17、表5.1-18和图5.1-29所示，可知，改性钢渣代替未改性钢渣粗集料后，不同配比下混合料的最佳含水量呈先增长后降低再增长的趋势，含19～26.5mm粒径的改性钢渣混合料最佳含水量值大于其他两种粒径的改性钢渣

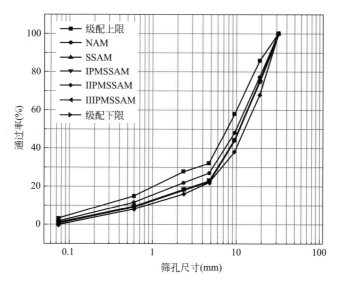

图 5.1-28　不同替代方式试件的级配图

**4%水泥、4%水泥＋10%粉煤灰下的击实试验结果**　　表 5.1-17

| 代号 | A1 | A2 | A3 | A4 | A5 | B1 | B2 | B3 | B4 | B5 |
|---|---|---|---|---|---|---|---|---|---|---|
| 最佳含水量(%) | 4.2 | 5.1 | 4.9 | 5.0 | 5.1 | 4.4 | 5.3 | 5.1 | 5.2 | 5.2 |
| 最大干密度(g/cm³) | 2.363 | 2.662 | 2.641 | 2.522 | 2.589 | 2.384 | 2.669 | 2.651 | 2.612 | 2.603 |

**5%水泥、5%水泥＋10%粉煤灰下的击实试验结果**　　表 5.1-18

| 代号 | C1 | C2 | C3 | C4 | C5 | D1 | D2 | D3 | D4 | D5 |
|---|---|---|---|---|---|---|---|---|---|---|
| 最佳含水量(%) | 4.6 | 5.6 | 5.2 | 5.3 | 5.3 | 4.7 | 5.8 | 5.2 | 5.3 | 5.5 |
| 最大干密度(g/cm³) | 2.473 | 2.687 | 2.672 | 2.607 | 2.651 | 2.481 | 2.694 | 2.681 | 2.626 | 2.663 |

混合料，这是由于未改性的小粒径钢渣吸水能力较强，在闷料过程中会吸取更多水分，因此会提高混合料的含水量。从图中还可以看出，各配比下混合料的最大干密度不尽相同，这是由于钢渣经改性处理后，材料的表观密度有所变化，进而导致混合料的干密度有所不同。

3）不同配合比下混合料的 7d 无侧限抗压强度

测得不同替代方式下混合料的抗压强度如表 5.1-19 所示。

分析表 5.1-19 中数据，得出以下结论：

① 当水泥剂量为 4%时，A3 的强度最高，比 A1、A2 分别高出了 55.6%、14.3%，说明水泥稳定碎石-改性钢渣混合料具有良好的抗压强度，此现象发生的主要原因是钢渣经改性处理后表面大部分有害孔隙被填充，因此可避免钢渣的吸附作用，影响水泥水化质量，降低混合料的强度。当水泥掺量为 5%时，C3 无侧限抗压强度分别比 C1、C2 高出了 30.0%、3.3%，说明除表面改性对钢渣性能有所影响外，水泥剂量的多少，也左右着混合料的抗压强度。

② 由表中数据可知粉煤灰可提高混合料的抗压强度，此情况在 4%水泥掺量下的 B3

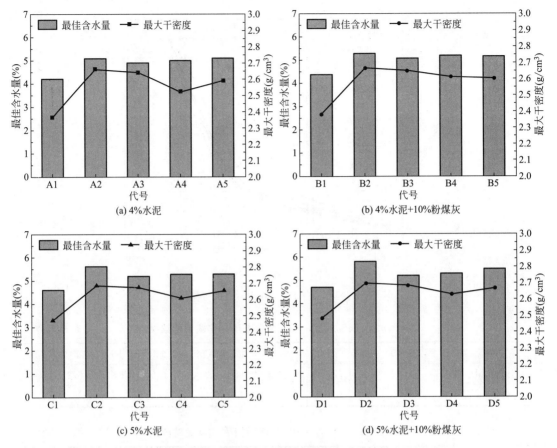

图 5.1-29　各配合比下混合料击实试验结果

表 5.1-19

无侧限抗压强度试验结果

| 代号 | $R_d$ (MPa) | $C_v$ (%) | 代号 | $R_d$ (MPa) | $C_v$ (%) | 代号 | $R_d$ (MPa) | $C_v$ (%) | 代号 | $R_d$ (MPa) | $C_v$ (%) |
|---|---|---|---|---|---|---|---|---|---|---|---|
| A1 | 3.6 | 8.2 | B1 | 4.1 | 9.6 | C1 | 4.6 | 6.5 | D1 | 5.0 | 5.9 |
| A2 | 4.9 | 7.6 | B2 | 5.6 | 8.4 | C2 | 6.1 | 6.8 | D2 | 7.1 | 7.4 |
| A3 | 5.6 | 6.3 | B3 | 6.2 | 6.9 | C3 | 6.3 | 7.8 | D3 | 7.2 | 6.6 |
| A4 | 5.4 | 7.9 | B4 | 5.9 | 6.2 | C4 | 6.0 | 7.3 | D4 | 6.8 | 7.5 |
| A5 | 4.3 | 7.8 | B5 | 4.6 | 7.8 | C5 | 4.8 | 6.6 | D5 | 5.2 | 7.2 |

中尤为显著，B3 的抗压强度比 A3 提高了 10.7%，初步分析原因是粉煤灰可同水泥一样凭借其胶凝作用来提高集料之间的粘结力，进而提高混合料的抗压强度，并且粉煤灰的加入也可促进钢渣的水化反应，其生成物 C-S-H 凝胶、$Ca(OH)_2$ 使得未改性钢渣表面变得更加粗糙，集料间形成有效的嵌挤结构，从而增加其强度。

③ 表中还可知，当改性钢渣代替不同档位的普通钢渣时，其混合料强度也有着不同程度的差异，这是因为不同档位改性钢渣在成型试件时所需的质量占比不同，其中质量占比较高的改性钢渣对水泥颗粒的吸附作用较少，反之则受吸附作用影响，导致混合料的抗压强度降低。

综上所述，通过对比分析不同配比下混合料的 7d 无侧限抗压强度可知，采用改性钢渣部分替代同粒径规格的钢渣粗集料比全部替代天然碎石粗集料对提高水泥稳定碎石混合料的抗压强度更加有效，其中 4.75～9.5mm、9.5～13.2mm 改性钢渣对混合料抗压性能的改善效果更好。

（6）混合料体积安定性分析

由于本次采用的是改性钢渣代替同粒径规格的普通钢渣，因此有必要研究不同替代方式下改性钢渣以及 10％粉煤灰剂量对水泥稳定碎石钢渣混合料体积膨胀的抑制效果，根据浸水膨胀率试验方法，测试并分析不同配合比下的水泥稳定钢渣碎石混合料的体积安定性，各配合比下混合料的膨胀率结果如表 5.1-20，图 5.1-30 所示。

各配比下混合料的膨胀率　　　　　　　　表 5.1-20

| 代号 | 体积膨胀率（％） | 代号 | 体积膨胀率（％） | 代号 | 体积膨胀率（％） | 代号 | 体积膨胀率（％） |
|---|---|---|---|---|---|---|---|
| A2 | 2.42 | B2 | 2.14 | C2 | 2.21 | D2 | 2.05 |
| A3 | 1.36 | B3 | 1.21 | C3 | 1.25 | D3 | 1.19 |
| A4 | 1.41 | B4 | 1.33 | C4 | 1.32 | D4 | 1.24 |
| A5 | 1.54 | B5 | 1.48 | C5 | 1.42 | D5 | 1.30 |

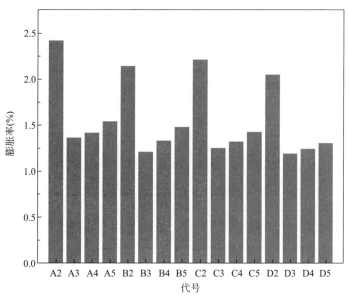

图 5.1-30　各配比下混合料的膨胀率

可知，在不同水泥剂量下，未改性钢渣混合料的膨胀率较高，当掺入 10％粉煤灰后，混合料膨胀率有所降低，说明此粉煤灰剂量下对钢渣体积膨胀具有一定抑制效果。从表 5.1-20 中数据可知，不同水泥稳定碎石改性钢渣混合料的浸水膨胀率均低于 2％，且掺入粉煤灰后，膨胀率进一步降低；其中 D3 的膨胀率最低，与 D2 相比降低了 42％，与 C3 相比降低了 4.8％，说明复合改性钢渣对混合料体积安定性的改善效果较为明显，这是由于钢渣经改性处理后，材料疏水性能有所提升，钢渣内部膨胀组分与水的反应速率逐渐变缓，加之粉煤灰对混合料中钢渣体积膨胀也具有一定的抑制效果，二者共同作用使得混合料的体积膨胀率大幅度降低。从图 5.1-30 中还可知，不同水泥剂量下，含 4.75～9.5mm 改性钢渣的混合料膨胀率低于含其他粒径改性钢渣的混合料，说明表面改性对小粒径钢渣的改性效果较好。

5. 路用性能研究

基于前文对改性钢渣性能以及水泥稳定碎石钢渣混合料配合比的优选结果，对不同龄期下混合料的各项力学性能、抗冻性能、干缩性能进行测试。对比分析各替代方式下，不同水泥剂量对水泥稳定碎石钢渣混合料性能的影响规律。

（1）无侧限抗压强度

根据前文研究成果，考虑养护期龄对混合料强度的影响，成型试件并养护至 28d、60d、90d，进行无侧限抗压强度试验，得出无侧限抗压强度结果见表 5.1-21、表 5.1-22 和表 5.1-23。

**28d 无侧限抗压强度**　　　　　　　　　　　　　　　　表 5.1-21

| 代号 | $R_d$ (MPa) | $C_v$ (%) | 代号 | $R_d$ (MPa) | $C_v$ (%) | 代号 | $R_d$ (MPa) | $C_v$ (%) | 代号 | $R_d$ (MPa) | $C_v$ (%) |
|---|---|---|---|---|---|---|---|---|---|---|---|
| A1 | 4.8 | 7.1 | B1 | 5.4 | 6.2 | C1 | 5.7 | 7.8 | D1 | 6.3 | 8.1 |
| A2 | 7.8 | 6.5 | B2 | 8.5 | 5.2 | C2 | 8.0 | 6.2 | D2 | 9.8 | 7.6 |
| A3 | 7.5 | 5.8 | B3 | 9.0 | 5.7 | C3 | 8.9 | 6.8 | D3 | 10.0 | 8.9 |
| A4 | 6.5 | 5.4 | B4 | 7.0 | 5.8 | C4 | 7.4 | 6.5 | D4 | 8.0 | 6.7 |

**60d 无侧限抗压强度**　　　　　　　　　　　　　　　　表 5.1-22

| 代号 | $R_d$ (MPa) | $C_v$ (%) | 代号 | $R_d$ (MPa) | $C_v$ (%) | 代号 | $R_d$ (MPa) | $C_v$ (%) | 代号 | $R_d$ (MPa) | $C_v$ (%) |
|---|---|---|---|---|---|---|---|---|---|---|---|
| A1 | 6.1 | 6.9 | B1 | 6.5 | 8.9 | C1 | 6.9 | 8.1 | D1 | 7.4 | 6.5 |
| A2 | 8.1 | 6.7 | B2 | 9.1 | 7.1 | C2 | 8.4 | 6.8 | D2 | 11.3 | 5.8 |
| A3 | 8.2 | 5.5 | B3 | 9.4 | 7.2 | C3 | 9.6 | 6.4 | D3 | 11.0 | 5.9 |
| A4 | 7.0 | 5.8 | B4 | 7.7 | 6.9 | C4 | 8.6 | 6.0 | D4 | 9.8 | 5.7 |

**90d 无侧限抗压强度**　　　　　　　　　　　　　　　　表 5.1-23

| 代号 | $R_d$ (MPa) | $C_v$ (%) | 代号 | $R_d$ (MPa) | $C_v$ (%) | 代号 | $R_d$ (MPa) | $C_v$ (%) | 代号 | $R_d$ (MPa) | $C_v$ (%) |
|---|---|---|---|---|---|---|---|---|---|---|---|
| A1 | 7.2 | 8.9 | B1 | 7.6 | 7.5 | C1 | 8.4 | 8.2 | D1 | 9.3 | 6.2 |
| A2 | 9.4 | 5.4 | B2 | 9.9 | 6.3 | C2 | 10.8 | 9.4 | D2 | 12.7 | 9.7 |
| A3 | 9.7 | 6.1 | B3 | 10.1 | 6.5 | C3 | 11.2 | 8.1 | D3 | 13.1 | 9.1 |
| A4 | 8.3 | 7.8 | B4 | 9.8 | 8.1 | C4 | 10.6 | 7.2 | D4 | 11.5 | 7.7 |

各龄期下不同替代方式所得混合料无侧限抗压强度结果如图 5.1-31 所示，可知，在不同水泥剂量下，受钢渣替代方式以及养护龄期的影响，无侧限抗压强度的变化趋势有所不同。水泥剂量为 5% 时，随着养护龄期的增加，C2 强度的提高幅度不及 C3，这可能是

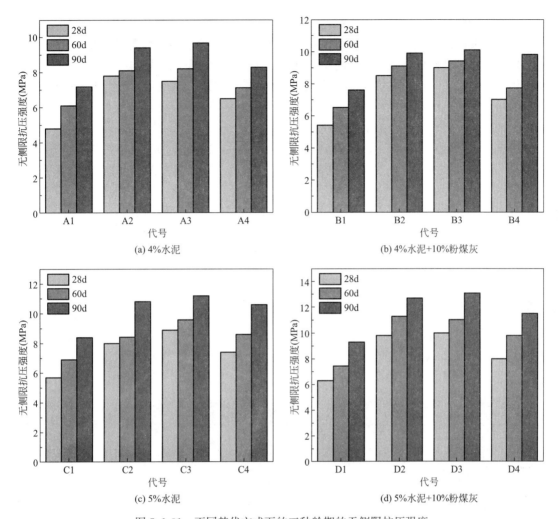

图 5.1-31 不同替代方式下的三种龄期的无侧限抗压强度

由于 C2 混合料中的未改性钢渣发生体积膨胀，导致混合料内部发生损伤，混合料抗压能力下降。从图 5.1-31a 中可以看出，养护 60d、90d 后的 A3 抗压强度增长率要高于养护28d 的抗压强度增长率，养护 60d 和 90d 后的 A3 抗压强度比 28d 提高了 9%、29%，说明养护龄期可以左右混合料的抗压性能，这是由于在养护初期，钢渣活性较低，水泥是致使混合料快速强度形成的主要因素，而随着养护龄期的不断延长，钢渣活性逐渐提高，与水反应得到的生成物使得混合料抗压强度的提升速率加快。

由表 5.1-21、表 5.1-22、表 5.1-23 中数据可知，相同养护龄期下，水泥剂量越大，混合料强度越高，此外在相同水泥剂量下，掺粉煤灰的混合料抗压强度高于未掺混合料。以 90d 养护龄期为例，当水泥剂量为 5% 时，C3、C4 抗压强度为 11.2MPa、10.6MPa，加入粉煤灰后，两种混合料强度分别提高了 17%、8.5%，一方面说明粉煤灰的加入可有效提升混合料的抗压强度；另一方面在于钢渣经改性处理后，表面有害孔隙得到有效填充，材料抗压性能增强，进而导致混合料的强度有所提高。从表中数据还可知，当水泥剂量、养护龄期相同时，IPMSSAM 的抗压强度高于 IIPMSSAM，此现象说明改性钢渣粒径大小也可影响混合料的抗压强度。

（2）劈裂强度

半刚性基层的优点在于具有良好的抗压性能，但其抗拉性能比较逊色，因此当荷载反复作用时，路面在破坏形式上常为弯拉破坏。正因如此，基层的抗拉强度是基层设计的重要指标。研究表明，劈裂强度反映了半刚性基层材料特性，其强度来源主要有两个方面：集料与结合料的粘结和集料与集料间的嵌挤作用。为更好反映半刚性基层的抗拉强度，本研究采用操作简便、结果精准的劈裂抗拉试验。

根据前文研究成果，考虑养护期龄对混合料强度的影响，成型试件并养护至 28d、60d、90d。在试验开始前一天，将试件取出并浸水养生 24h，在试验前取出试件，擦干表面自由水，然后称量试件的重量和尺寸（高、直径）并记录，测量完成后，将试件放在夹具中（注：根据规范要求选用合适的压条），本试验采用万能试验机进行试验，具体步骤如下：①将装有试件的夹具放置在万能试验机操作台上，并将夹具保持在中间位置如图 5.1-32 所示；②根据规范要求加载试件，当试件破坏后，记录所加载的最大压力 P。劈裂强度按式（5-6）计算。

$$R_i = 0.004178 \frac{P}{h} \tag{5-6}$$

式中　$R_i$——劈裂强度（MPa）；

　　　$P$——破坏试件所需的最大压力（N）；

　　　$h$——浸水后试件的高度（mm）。

(a) 试验设备　　　　　　　　　　　(b) 试件劈裂破坏

图 5.1-32　劈裂试验

通过试验测得不同龄期下的 16 种配合比混合料的劈裂抗拉强度值如表 5.1-24、表 5.1-25 和表 5.1-26 所示。

28d 劈裂抗拉强度试验结果　　　　　　　　　　表 5.1-24

| 代号 | $R_i$ (MPa) | $C_v$ (%) | 代号 | $R_i$ (MPa) | $C_v$ (%) | 代号 | $R_i$ (MPa) | $C_v$ (%) | 代号 | $R_i$ (MPa) | $C_v$ (%) |
|------|------|------|------|------|------|------|------|------|------|------|------|
| A1 | 0.441 | 8.2 | B1 | 0.524 | 7.1 | C1 | 0.472 | 6.2 | D1 | 0.589 | 7.7 |
| A2 | 0.534 | 6.4 | B2 | 0.684 | 6.0 | C2 | 0.642 | 5.8 | D2 | 0.772 | 6.6 |
| A3 | 0.576 | 6.1 | B3 | 0.712 | 5.6 | C3 | 0.849 | 6.2 | D3 | 0.937 | 6.4 |
| A4 | 0.526 | 5.9 | B4 | 0.772 | 6.3 | C4 | 0.824 | 5.6 | D4 | 0.877 | 5.9 |

**60d 劈裂抗拉强度试验结果**　　　　　　　　表 5.1-25

| 代号 | $R_i$ (MPa) | $C_v$ (%) | 代号 | $R_i$ (MPa) | $C_v$ (%) | 代号 | $R_i$ (MPa) | $C_v$ (%) | 代号 | $R_i$ (MPa) | $C_v$ (%) |
|---|---|---|---|---|---|---|---|---|---|---|---|
| A1 | 0.566 | 6.7 | B1 | 0.586 | 6.9 | C1 | 0.598 | 8.2 | D1 | 0.672 | 7.6 |
| A2 | 0.636 | 5.1 | B2 | 0.78 | 6.6 | C2 | 0.871 | 5.9 | D2 | 0.991 | 5.6 |
| A3 | 0.697 | 5.9 | B3 | 0.857 | 6.2 | C3 | 0.902 | 7.3 | D3 | 1.112 | 8.2 |
| A4 | 0.624 | 4.6 | B4 | 0.841 | 5.4 | C4 | 0.716 | 6.3 | D4 | 0.96 | 5.2 |

**90d 劈裂抗拉强度试验结果**　　　　　　　　表 5.1-26

| 代号 | $R_i$ (MPa) | $C_v$ (%) | 代号 | $R_i$ (MPa) | $C_v$ (%) | 代号 | $R_i$ (MPa) | $C_v$ (%) | 代号 | $R_i$ (MPa) | $C_v$ (%) |
|---|---|---|---|---|---|---|---|---|---|---|---|
| A1 | 0.694 | 9.7 | B1 | 0.772 | 8.2 | C1 | 0.876 | 8.6 | D1 | 0.979 | 6.7 |
| A2 | 0.832 | 8.4 | B2 | 1.010 | 9.1 | C2 | 1.098 | 7.5 | D2 | 1.158 | 7.8 |
| A3 | 0.984 | 6.9 | B3 | 1.079 | 8.7 | C3 | 1.137 | 7.7 | D3 | 1.246 | 8.1 |
| A4 | 0.847 | 7.2 | B4 | 1.031 | 8.6 | C4 | 1.114 | 8.3 | D4 | 1.192 | 8.7 |

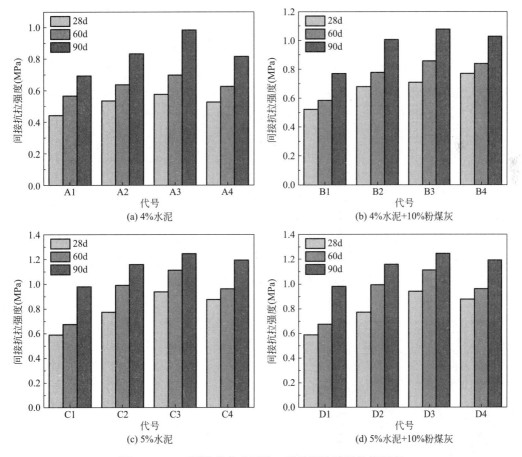

图 5.1-33　不同替代方式下的三种龄期的劈裂抗拉强度

　　不同替代方式下，三种龄期的混合料劈裂抗拉强度如表 5.1-24、表 5.1-25、表 5.1-26、图 5.1-33 所示。可知，在不同水泥剂量下，混合料的劈裂抗拉强度均随着钢渣的替代方式以及养护龄期的变化而变化。从图 5.1-33 中可见，各配比下的混合料抗拉强度均随着水泥剂量影响，当水泥剂量为 5％时，混合料抗拉强度有所提高，其中 SSAM、IPMSSAM、IIPMSSAM 变化幅度较为明显，与 4％水泥剂量下的抗拉强度相比，5％水泥剂量下，当养护龄期为 90d 时，C2、C3、C4 的抗拉强度分别提高了 32％、15.5％、31.5％，这是由于在高水泥剂量下，可参与反应的水泥增多，集料间的粘结能力增强，混合料的抗拉性能随之提升。从图 5.1-33a、图 5.1-33b 中还可知，在相同水泥剂量下，粉煤灰的掺入，可提升混合料的抗拉性能，当水泥剂量为 4％，养护龄期为 90d 时，A2 的抗拉强度为 0.832MPa，掺入粉煤灰后，B2 抗拉强度为 1.010MPa，与之相比提高了 21.4％，说明粉煤灰对混合料的抗拉强度亦有同样的促进作用。

由表 5.1-25 中数据可知，在相同养护龄期、相同水泥剂量下，4.75～9.5mm 改性钢渣对混合料抗拉能力的增强效果好于 9.5～13.2mm 改性钢渣，说明大粒径改性钢渣对混合料抗拉性能的提升效果不及小粒径改性钢渣，这是由于钢渣经改性处理后，表面具有一定疏水性，当水泥水化完成后，未能及时提高集料间的粘结力，此外集料级配显示，IIPMSSAM 中 9.5～13.2mm 改性钢渣占比大于其他档位钢渣，因此 IIPMSSAM 的抗拉强度增长速率不及 IPMSSAM。从表 5.1-24、表 5.1-25、表 5.1-26 还可知，当水泥剂量相同时，随着龄期的逐渐延长，SSAM 的抗拉强度增长速率高于 IPMSSAM，以 5％水泥＋10％粉煤灰为例，养护龄期为 90d 时，D3 的抗拉强度与 28d 时相比提高了 33％，而 D2 则提高了 50％，这是由于随着养护龄期的增长，钢渣活性逐渐提高，SSAM 中的水化反应速率加快，而改性钢渣可延缓钢渣水化反应速率，导致混合料抗拉强度形成速度较慢。

（3）抗压回弹模量

模量是指某一材料在荷载作用下的应力应变关系，反映材料在宏观力学方面的性能。研究表明，部分材料受到一定荷载作用时，存在完全弹性变形，此时应力应变呈正比例关系；而水泥稳定类材料与均质类材料有着巨大的差别，由于内部结构组成和孔隙大小等原因，可发生弹性和塑性变形。根据《公路工程集料试验规程》JTG E42—2005 相关设计方法，抗压回弹模量作为半刚性基层设计的重要参数，它既可直接影响沥青路面面层的层底抗拉应力，又可影响路面基层的弯沉值的设计结果。本试验选用操作简便，结果精准可靠的顶面法测定基层材料的抗压回弹模量。

根据前文研究成果，考虑养护期龄对混合料强度的影响，成型试件并养护至 28d、60d、90d。具体试验步骤为：①取出养护至龄期的试件，采用早强高强的水泥净浆对其上表面进行涂层处理，并撒入少量细砂，用钢板齐平顶面；将处理过的试件放置 4h 后，用相同的方法完成另一面，此步操作的目的是防止加载板在试件顶面发生翘动，保证所得数据的准确。②将处理完的试件浸水养生 24h 后取出，继续观察试件表面是否存在不平整的位置，若存在，则采用 0.25～0.5mm 的细砂来填补试件表面，以增加加载板和试件顶面的面积。将试件和变形装置一同放到万能试验机上，试验装置如图 5.1-34 所示。

图 5.1-34　抗压回弹模量试验装置

最后，按照式（5-7）、式（5-8）对相关数据进行处理。

$$l = 加载时读数 - 卸载时读数 \tag{5-7}$$

$$E_c = \frac{ph}{l} \tag{5-8}$$

式中　$E_c$——抗压回弹模量（MPa）；

　　　$p$——单位压力（N）；

　　　$h$——试件高度（mm）；

　　　$l$——试件回弹变形（mm）。

通过试验测得不同龄期下的 16 种配合比混合料的抗压回弹模量值如表 5.1-27、表 5.1-28 和表 5.1-29 所示。

28d 抗压回弹模量试验结果　　　　　　　　　　表 5.1-27

| 代号 | $E_c$ (MPa) | $C_v$ (%) | 代号 | $E_c$ (MPa) | $C_v$ (%) | 代号 | $E_c$ (MPa) | $C_v$ (%) | 代号 | $E_c$ (MPa) | $C_v$ (%) |
|---|---|---|---|---|---|---|---|---|---|---|---|
| A1 | 731 | 11.5 | B1 | 846 | 10.6 | C1 | 967 | 10.1 | D1 | 1079 | 12.1 |
| A2 | 1353 | 10.5 | B2 | 1527 | 8.8 | C2 | 1702 | 9.6 | D2 | 1986 | 9.9 |
| A3 | 1436 | 8.6 | B3 | 1674 | 8.1 | C3 | 1764 | 8.4 | D3 | 2072 | 8.7 |
| A4 | 1135 | 9.7 | B4 | 1467 | 9.5 | C4 | 1533 | 9.1 | D4 | 1664 | 9.8 |

60d 抗压回弹模量试验结果　　　　　　　　　　表 5.1-28

| 代号 | $E_c$ (MPa) | $C_v$ (%) | 代号 | $E_c$ (MPa) | $C_v$ (%) | 代号 | $E_c$ (MPa) | $C_v$ (%) | 代号 | $E_c$ (MPa) | $C_v$ (%) |
|---|---|---|---|---|---|---|---|---|---|---|---|
| A1 | 1089 | 10.4 | B1 | 1024 | 9.5 | C1 | 1379 | 10.7 | D1 | 1409 | 9.9 |
| A2 | 1516 | 11.2 | B2 | 1735 | 10.1 | C2 | 1856 | 11.2 | D2 | 2295 | 11.6 |
| A3 | 1647 | 10.7 | B3 | 1859 | 10.3 | C3 | 1992 | 11.9 | D3 | 2330 | 10.8 |
| A4 | 1350 | 9.8 | B4 | 1601 | 11.6 | C4 | 1790 | 12.7 | D4 | 1936 | 10.4 |

90d 抗压回弹模量试验结果　　　　　　　　　　表 5.1-29

| 代号 | $E_c$ (MPa) | $C_v$ (%) | 代号 | $E_c$ (MPa) | $C_v$ (%) | 代号 | $E_c$ (MPa) | $C_v$ (%) | 代号 | $E_c$ (MPa) | $C_v$ (%) |
|---|---|---|---|---|---|---|---|---|---|---|---|
| A1 | 1276 | 10.2 | B1 | 1391 | 9.8 | C1 | 1623 | 10.8 | D1 | 1798 | 11.7 |
| A2 | 1892 | 9.5 | B2 | 2007 | 10.9 | C2 | 2172 | 11.9 | D2 | 2414 | 10.8 |
| A3 | 1847 | 11.5 | B3 | 2026 | 10.2 | C3 | 2296 | 10.3 | D3 | 2583 | 9.9 |
| A4 | 1619 | 10.2 | B4 | 1886 | 11.2 | C4 | 1972 | 9.4 | D4 | 2121 | 9.2 |

不同替代方式下，养护龄期的混合料抗压回弹模量结果如表 5.1-27、表 5.1-28、表 5.1-29 所示，如图 5.1-35 所示。可知，不同配合比下的混合料抗压回弹模量受水泥剂量的影响较大，加之与粉煤灰的共同作用，混合料的抗变形能力明显提高。从图 5.1-35 中可见，SSAM、IPMSSAM、IIPMSSAM 的抗压回弹模量在不同水泥剂量、养护龄期下，均高于 NAM，说明钢渣替代碎石可明显提高混合料的抗变形能力。水泥剂量为 4%，

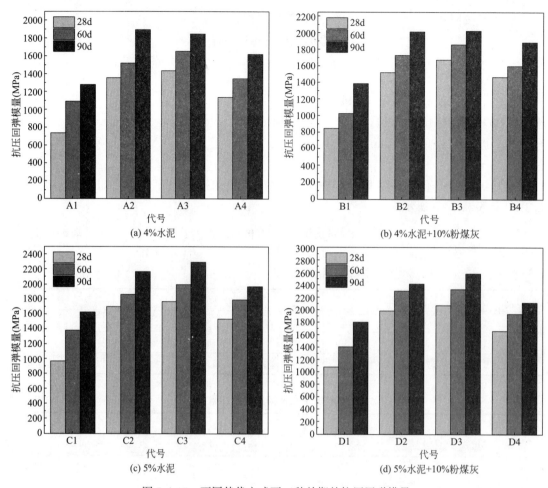

图 5.1-35　不同替代方式下三种龄期的抗压回弹模量

龄期为 28d 时，A1、A2 的回弹模量分别为 731MPa、1353MPa，钢渣粗集料全部替代天然粗集料后，抗压回弹模量增长了 85.1%，这是由于材料本身性质所致，钢渣密度大，抗压能力强、硬度高，抗变形能力优于天然粗集料。从图 5.1-35c 中还可见，不同龄期、不同水泥剂量下，C4 的回弹模量增长速率不及 C2，当龄期 90d，5% 水泥剂量时，C2、C4 的抗压回弹模量分别为 2172MPa、1972MPa，C2 与 C4 相比，提高了 10.1%，这是由于钢渣改性处理后，材料的抗压性能虽有所提高，但材料表面由粗糙变为平整光滑，当荷载作用时，集料与集料之间容易出现滑移，进而降低了混合料的抗变形能力。

由图 5.1-35d 中可知，当水泥剂量相同，无论何种替代方式，抗压回弹模量均随着龄期呈增长的趋势。5% 水泥 + 10% 粉煤灰剂量下，D2 在 60d 时的回弹模量与 28d 相比增长了 15.6%，养护 90d 的回弹模量与 60d 相比，增加了 5.2%，由此可见其增长速率的变化由快到慢，这是由于水泥水化速率前期快于钢渣，故而有利于混合料强度的快速提升，养护后期，钢渣的活性提高，与水反应速率加快生成的胶凝物质增多，集料与集料之间的粘结能力有所增强，混合料的刚度虽有一定程度的提高，但变化速率仍不及水泥。由图中还可知，粉煤灰对 IIPMSSA 抗压回弹模量的提升略显不足，这可能与改性剂本身和改性效果有关。

（4）抗冻性

根据前文对不同配合比下混合料力学性能的研究结果可知，粉煤灰的掺入对提高混合料力学性能具有积极的促进作用，因此本节基于混合料力学性能研究结果，进一步优选出掺粉煤灰的混合料配合比，并通过冻融试验、干缩试验评价此类混合料的耐久性。其中，冻融试验的目的是评价无机结合料稳定材料的抗冻性，因此，本文采用冻融试验来测试不同龄期下水泥稳定碎石钢渣混合料的抗冻能力。

根据前文研究成果，考虑养护期龄对混合料强度的影响，成型试件并养护至 28d、60d、90d。由于混合料的抗冻性能主要是以试件多次冻融后的抗压强度和冻融前的抗压强度的比值来评价的，因此每一种配合比需制备成型两批试件，其中一批用作冻融循环试验，另一批正常养护。为研究混合料短期、中期和长期的抗冻能力，本试验将用于冻融试验的试件养护至 28d、60d 和 90d，按照《公路工程集料试验规程》JTG E42—2005 进行 5 次冻融循环试验，具体步骤如下：①取出正常养护完成后的试件，测量其重量和尺寸后，再根据无侧限抗压强度试验方法测定不同配比下混合料试件的无侧向抗压强度 $R_C$；②同样将养护至所需龄期的试件取出，放入 $-18℃$ 的低温箱中冰冻 16h，随后将其放入水浴箱中融化 8h（注意当冰冻完成以及融化后，应测量试件的质量和尺寸），此过程为一个冻融循环。继续按照此步骤进行余下 4 次冻融循环试验，当最后一次冻融循环结束后，测定其无侧限抗压强度 $R_{DC}$。具体抗冻指标按式（5-9）、式（5-10）进行计算。冻融循环试验如图 5.1-36 所示。

$$BDR = \frac{R_{DC}}{R_C} \times 100\%$$ （5-9）

式中　$BDR$——经过 5 次冻融循环后试件的无侧限抗压强度损失（%）；
$\quad\quad R_{DC}$——5 次冻融循环后的试件无侧限抗压强度（MPa）；
$\quad\quad R_C$——正常养护未经冻融的试件无侧限抗压强度（MPa）。

$$W_5 = \frac{m_0 - m_5}{m_0} \times 100\%$$ （5-10）

式中　$W_5$——5 次冻融循环后试件质量变化率（%）；
$\quad\quad m_0$——冻融循环前试件的质量（g）；
$\quad\quad m_5$——5 次冻融循环后试件的质量（g）。

(a) 冰冻　　　　　　　　　　　　　　　　　(b) 融化

图 5.1-36　冻融循环试验

通过试验测得不同龄期下的 8 种配合比混合料的强度、抗冻系数值如表 5.1-30、表 5.1-31 和表 5.1-32 所示。

28d 混合料抗冻系数表　　　　　　　　　　　　　　　　　表 5.1-30

| 代号 | 未冻融强度（MPa） | 冻融后强度（MPa） | 抗冻系数（%） |
|---|---|---|---|
| B1 | 5.4 | 4.8 | 88.89 |
| B2 | 8.5 | 7.7 | 90.59 |
| B3 | 9.0 | 8.2 | 91.11 |
| B4 | 7.0 | 6.3 | 90.00 |
| D1 | 6.3 | 5.9 | 90.48 |
| D2 | 9.8 | 9.0 | 91.83 |
| D3 | 10.0 | 9.3 | 93.00 |
| D4 | 8.0 | 7.9 | 91.25 |

60d 混合料抗冻系数表　　　　　　　　　　　　　　　　　表 5.1-31

| 代号 | 未冻融强度（MPa） | 冻融后强度（MPa） | 抗冻系数（%） |
|---|---|---|---|
| B1 | 6.5 | 5.8 | 89.23 |
| B2 | 9.1 | 8.5 | 93.41 |
| B3 | 9.4 | 8.8 | 93.62 |
| B4 | 7.7 | 7.2 | 92.21 |
| D1 | 7.4 | 6.8 | 91.89 |
| D2 | 11.3 | 10.5 | 92.92 |
| D3 | 11.0 | 10.3 | 93.63 |
| D4 | 9.8 | 9.1 | 92.86 |

90d 混合料抗冻系数表　　　　　　　　　　　　　　　　　表 5.1-32

| 代号 | 未冻融强度（MPa） | 冻融后强度（MPa） | 抗冻系数（%） |
|---|---|---|---|
| B1 | 7.6 | 6.9 | 90.79 |
| B2 | 9.9 | 9.4 | 94.95 |
| B3 | 10.1 | 9.5 | 95.05 |
| B4 | 9.8 | 9.2 | 93.88 |
| D1 | 9.3 | 8.7 | 93.55 |
| D2 | 12.7 | 12.1 | 95.28 |
| D3 | 13.1 | 12.6 | 96.18 |
| D4 | 11.5 | 10.9 | 94.78 |

4%、5% 水泥、粉煤灰剂量下，各龄期混合料抗冻系数变化情况如图 5.1-37、图 5.1-38 所示。可知，不同替代方式下，混合料的抗冻系数随着养护时间的推移而逐渐增大，说明

各配比下混合料的抗冻性能较好，质量损失较少，图中可明显看出，含钢渣类混合料的抗冻系数高于未掺钢渣混合料，这是由于钢渣表面纹理粗糙，水泥经水化完成后，其产物与

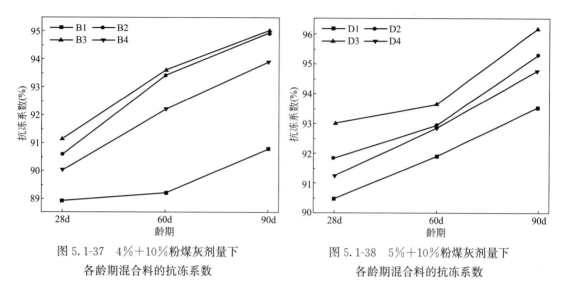

图 5.1-37  4％＋10％粉煤灰剂量下
各龄期混合料的抗冻系数

图 5.1-38  5％＋10％粉煤灰剂量下
各龄期混合料的抗冻系数

钢渣的粘结性强度较高，进而限制了冻融条件下试件内部裂缝的发展。养护 28d 后的混合料抗冻性能不及养护 90d 的混合料，以 B3、D3 为例，养护 28d 时，混合料的抗冻系数分别为 91.11％、93.00％，继续养护至 90d 后，其抗冻系数达到了 95.05％、96.18％，与 28d 相比，分别提高了 4.32％、3.42％，这是由于试件在养护初期，混合料的强度主要来自水泥的水化反应，但随着养护时间的不断延长，钢渣的水化产物可提高集料与集料、集料与水泥石之间的粘结力，进而提升了混合料的抗冻性能。

由图中还可知，B4、D4 的抗冻系数低于其他两类钢渣混合料，一方面说明表面改性虽可增加混合料的抗压强度，但当集料表面积增大时，过于平整的表面将导致集料于水泥的粘结能力下降；另一方面，在冻融条件下，除未改性钢渣的膨胀应力外，水在混合料的孔隙中扩散迁移时，来自水的压力和水冻结时产生的张拉应力均可能导致水泥与改性钢渣集料界面产生较为细小的裂缝，致使此类含改性钢渣的混合料抗冻性能降低；B3、D3 的抗冻系数高于 B2、D2，分析原因可能是在养护过程中，未改性钢渣发生水化反应，导致钢渣体积发生膨胀，混合料内部出现损伤，抗冻性能降低。由表中数据可知，当养护龄期相同时，抗冻系数随水泥剂量的增加而增加，但增长幅度略小，当养护龄期为 60d 时，B3 与 D3 混合料的抗冻系数仅相差 0.01％。

（5）干缩性能

水泥稳定类材料在经过拌合、机械压实等一系列过程中，会消耗部分水分，导致基层中的水分逐渐减少。然而随着水分的流失，基层的体积会发生收缩变化，即基层的收缩变形，若变形较大则会引起基层出现裂缝，进而导致路面出现破坏。

根据《公路工程集料试验规程》JTG E42—2005 相关要求，成型尺寸为 100mm× 100mm×400mm 的梁式试件，分别用于测量试件的干缩量和失水量。受限于实验室条件，利用手动击实仪来成型试件，将试件放置 1d 后脱模，试件脱出后，立刻将试件用袋子包裹，并进行养生。养护至 6d 时，取出试件，继续浸水养护 24h。养护完成后将试件取出，

图 5.1-39　干缩试验

擦干试件表面水分，并将其放置在干缩试验装置上（由于实验室原因，本次干缩试验采用的装置由钢板、千分表、磁力表座构成）固定，然而梁式试件表面坑槽较多，若将千分表直接与试件接触，则容易因此扰动和误读。针对此问题，将有机玻璃片通过胶水粘结在试件两端，并保证千分表头可接触到玻璃片表面，然后将千分表通过磁力表座固定好，保证千分表与玻璃片接触良好，将千分表归零，将试件同干缩试验装置放入干缩室中，如图 5.1-39 所示。在数据采集方面，试验开始后的 7d 内，每一天记录一次表盘数据，称量试件质量；7d 后由每天记录一次数据改为两天记录一次，直至一个月，最后记录 60d 和 90d 时的千分表读数。将测量完毕的试件放入烘箱中烘干至恒重。干缩试验相关指标按式（5-11）~式（5-15）计算。

失水率：

$$\omega_i = (m_i - m_{i+1})/m_p \tag{5-11}$$

干缩量：

$$\delta_i = \sum_{j=1}^{2} X_{i,j} - \sum_{j=1}^{2} X_{i+1,j} \tag{5-12}$$

干缩应变：

$$\varepsilon_i = \delta_i / l_i \tag{5-13}$$

干缩系数：

$$\alpha_{di} = \varepsilon_i / \omega_i \tag{5-14}$$

总干缩系数：

$$\alpha_d = \frac{\sum \varepsilon_i}{\sum \omega_i} \tag{5-15}$$

式中　$\omega_i$——第 $i$ 次失水率（%）；

$m_i$——第 $i$ 次标准试件称量质量（g）；

$m_p$——标准试件烘干后恒量（g）；

$\delta_i$——第 $i$ 次观测干缩量（mm）；

$X_{i,j}$——第 $i$ 次测试时第 $j$ 个千分表的读数（mm）；

$\varepsilon_i$——第 $i$ 次干缩应变（%）；

$l_i$——标准试件长度（mm）；

$\alpha_{di}$——第 $i$ 次干缩系数（%）。

通过试验测得不同龄期下的 8 种配合比混合料的相关指标结果如表 5.1-33~表 5.1-36 所示。

**NAM 的干缩试验结果**                                    表 5.1-33

| 水泥剂量:4% 代号:B1 | | | | | 水泥剂量:5% 代号:D1 | | | | |
|---|---|---|---|---|---|---|---|---|---|
| 龄期(d) | 失水率(%) | 干缩量(mm) | 干缩应变($10^{-6}$) | 干缩系数($10^{-6}$) | 龄期(d) | 失水率(%) | 干缩量(mm) | 干缩应变($10^{-6}$) | 干缩系数($10^{-6}$) |
| 1 | 1.37 | 0.019 | 47.5 | 34.67 | 1 | 1.45 | 0.024 | 60.0 | 41.37 |
| 2 | 0.95 | 0.018 | 45.0 | 39.87 | 2 | 1.12 | 0.022 | 55.0 | 44.75 |
| 3 | 0.52 | 0.017 | 42.5 | 47.54 | 3 | 0.61 | 0.020 | 50.0 | 51.89 |
| 4 | 0.33 | 0.016 | 40.0 | 55.21 | 4 | 0.41 | 0.020 | 50.0 | 59.89 |
| 5 | 0.21 | 0.015 | 37.5 | 62.87 | 5 | 0.30 | 0.019 | 47.5 | 67.48 |
| 6 | 0.16 | 0.015 | 37.5 | 70.62 | 6 | 0.21 | 0.018 | 45.0 | 75.00 |
| 7 | 0.11 | 0.013 | 32.5 | 77.39 | 7 | 0.16 | 0.018 | 45.0 | 82.75 |
| 9 | 0.09 | 0.012 | 30.0 | 83.56 | 9 | 0.16 | 0.016 | 40.0 | 88.80 |
| 11 | 0.11 | 0.010 | 25.0 | 87.66 | 11 | 0.15 | 0.014 | 35.0 | 93.54 |
| 13 | 0.09 | 0.010 | 25.0 | 92.01 | 13 | 0.13 | 0.013 | 32.5 | 97.87 |
| 15 | 0.08 | 0.010 | 25.0 | 96.39 | 15 | 0.14 | 0.011 | 27.5 | 100.72 |
| 17 | 0.07 | 0.008 | 20.0 | 99.63 | 17 | 0.10 | 0.011 | 27.5 | 104.25 |
| 19 | 0.06 | 0.008 | 20.0 | 103.01 | 19 | 0.09 | 0.009 | 22.5 | 106.86 |
| 21 | 0.05 | 0.009 | 22.5 | 107.14 | 21 | 0.08 | 0.010 | 25.0 | 111.81 |
| 23 | 0.06 | 0.005 | 12.5 | 108.57 | 23 | 0.07 | 0.008 | 20.0 | 115.77 |
| 25 | 0.05 | 0.005 | 12.5 | 110.21 | 25 | 0.05 | 0.006 | 15.0 | 118.74 |
| 27 | 0.04 | 0.004 | 10.0 | 111.49 | 27 | 0.06 | 0.005 | 12.5 | 121.21 |
| 29 | 0.03 | 0.003 | 7.5 | 112.44 | 29 | 0.04 | 0.004 | 10.0 | 123.19 |
| 60 | 0.01 | 0.001 | 2.5 | 112.76 | 60 | 0.02 | 0.002 | 5.0 | 124.18 |
| 90 | 0.00 | 0.001 | 2.5 | 113.34 | 90 | 0.01 | 0.002 | 5.0 | 125.17 |

**SSAM 干缩试验结果**                                    表 5.1-34

| 水泥剂量:4% 代号:B2 | | | | | 水泥剂量:5% 代号:D2 | | | | |
|---|---|---|---|---|---|---|---|---|---|
| 龄期(d) | 失水率(%) | 干缩量(mm) | 干缩应变($10^{-6}$) | 干缩系数($10^{-6}$) | 龄期(d) | 失水率(%) | 干缩量(mm) | 干缩应变($10^{-6}$) | 干缩系数($10^{-6}$) |
| 1 | 1.42 | 0.018 | 45.0 | 31.69 | 1 | 1.48 | 0.022 | 55.0 | 36.42 |
| 2 | 1.14 | 0.016 | 40.0 | 33.20 | 2 | 1.03 | 0.020 | 50.0 | 40.23 |
| 3 | 0.51 | 0.015 | 37.5 | 39.90 | 3 | 0.64 | 0.020 | 50.0 | 49.52 |
| 4 | 0.39 | 0.014 | 35.0 | 45.52 | 4 | 0.51 | 0.019 | 47.5 | 58.36 |
| 5 | 0.24 | 0.014 | 35.0 | 52.03 | 5 | 0.33 | 0.018 | 45.0 | 66.00 |
| 6 | 0.18 | 0.013 | 32.5 | 57.99 | 6 | 0.21 | 0.017 | 42.5 | 73.60 |
| 7 | 0.14 | 0.011 | 27.5 | 62.81 | 7 | 0.19 | 0.016 | 30.0 | 76.74 |
| 9 | 0.12 | 0.009 | 22.5 | 66.43 | 9 | 0.18 | 0.013 | 37.5 | 81.62 |
| 11 | 0.11 | 0.008 | 20.0 | 69.41 | 11 | 0.13 | 0.012 | 27.5 | 84.80 |
| 13 | 0.11 | 0.007 | 17.5 | 71.67 | 13 | 0.1 | 0.012 | 27.5 | 88.14 |

| 水泥剂量:4% 代号:B2 | | | | 水泥剂量:5% 代号:D2 | | | |
|---|---|---|---|---|---|---|---|
| 龄期<br>(d) | 失水率<br>(%) | 干缩量<br>(mm) | 干缩应变<br>($10^{-6}$) | 干缩系数<br>($10^{-6}$) | 龄期<br>(d) | 失水率<br>(%) | 干缩量<br>(mm) | 干缩应变<br>($10^{-6}$) | 干缩系数<br>($10^{-6}$) |
| 15 | 0.09 | 0.006 | 15.0 | 73.60 | 15 | 0.09 | 0.010 | 25.0 | 91.34 |
| 17 | 0.08 | 0.006 | 15.0 | 75.61 | 17 | 0.11 | 0.009 | 22.5 | 94.26 |
| 19 | 0.07 | 0.005 | 12.5 | 77.17 | 19 | 0.07 | 0.009 | 22.5 | 97.08 |
| 21 | 0.05 | 0.005 | 12.5 | 79.03 | 21 | 0.06 | 0.008 | 20.0 | 99.70 |
| 23 | 0.04 | 0.004 | 10.0 | 80.49 | 23 | 0.05 | 0.006 | 15.0 | 101.47 |
| 25 | 0.04 | 0.003 | 7.5 | 81.40 | 25 | 0.04 | 0.004 | 10.0 | 102.83 |
| 27 | 0.03 | 0.002 | 5.0 | 81.93 | 27 | 0.03 | 0.003 | 7.5 | 103.68 |
| 29 | 0.02 | 0.001 | 2.5 | 82.11 | 29 | 0.02 | 0.002 | 5.0 | 104.25 |
| 60 | 0.01 | 0.001 | 2.5 | 112.76 | 60 | 0.02 | 0.002 | 5.0 | 124.18 |
| 90 | 0.00 | 0.001 | 2.5 | 113.34 | 90 | 0.01 | 0.002 | 5.0 | 125.17 |

**IPMSSAM 干缩试验结果**　　　　　　　　表 5.1-35

| 水泥剂量:4% 代号:B3 | | | | 水泥剂量:5% 代号:D3 | | | |
|---|---|---|---|---|---|---|---|
| 龄期<br>(d) | 失水率<br>(%) | 干缩量<br>(mm) | 干缩应变<br>($10^{-6}$) | 干缩系数<br>($10^{-6}$) | 龄期<br>(d) | 失水率<br>(%) | 干缩量<br>(mm) | 干缩应变<br>($10^{-6}$) | 干缩系数<br>($10^{-6}$) |
| 1 | 1.39 | 0.016 | 40.0 | 28.78 | 1 | 1.48 | 0.019 | 47.5 | 32.09 |
| 2 | 1.16 | 0.015 | 37.5 | 30.39 | 2 | 1.03 | 0.018 | 45.0 | 36.85 |
| 3 | 0.83 | 0.014 | 35.0 | 33.28 | 3 | 0.64 | 0.017 | 42.5 | 42.86 |
| 4 | 0.61 | 0.013 | 32.5 | 36.34 | 4 | 0.51 | 0.015 | 37.5 | 47.13 |
| 5 | 0.52 | 0.013 | 32.5 | 39.35 | 5 | 0.33 | 0.014 | 35.0 | 52.01 |
| 6 | 0.36 | 0.012 | 30.0 | 42.61 | 6 | 0.21 | 0.014 | 35.0 | 57.74 |
| 7 | 0.24 | 0.011 | 27.5 | 45.98 | 7 | 0.19 | 0.012 | 30.0 | 62.07 |
| 9 | 0.19 | 0.010 | 25.0 | 49.06 | 9 | 0.18 | 0.011 | 27.5 | 65.65 |
| 11 | 0.16 | 0.010 | 25.0 | 52.20 | 11 | 0.13 | 0.010 | 25.0 | 69.15 |
| 13 | 0.10 | 0.009 | 22.5 | 55.31 | 13 | 0.10 | 0.009 | 22.5 | 72.40 |
| 15 | 0.09 | 0.009 | 22.5 | 58.41 | 15 | 0.09 | 0.008 | 20.0 | 75.15 |
| 17 | 0.09 | 0.008 | 20.0 | 60.98 | 17 | 0.11 | 0.007 | 17.5 | 77.00 |
| 19 | 0.07 | 0.006 | 15.0 | 62.82 | 19 | 0.07 | 0.006 | 15.0 | 78.90 |
| 21 | 0.05 | 0.005 | 12.5 | 64.42 | 21 | 0.06 | 0.005 | 12.5 | 80.41 |
| 23 | 0.04 | 0.004 | 10.0 | 65.68 | 23 | 0.05 | 0.004 | 10.0 | 81.56 |
| 25 | 0.05 | 0.003 | 7.5 | 66.39 | 25 | 0.04 | 0.003 | 7.5 | 82.38 |
| 27 | 0.03 | 0.002 | 5.0 | 66.89 | 27 | 0.03 | 0.002 | 5.0 | 82.86 |
| 29 | 0.02 | 0.002 | 5.0 | 67.50 | 29 | 0.02 | 0.002 | 5.0 | 83.49 |
| 60 | 0.01 | 0.001 | 2.5 | 67.80 | 60 | 0.01 | 0.001 | 2.5 | 83.81 |
| 90 | 0.00 | 0.000 | 0.0 | 67.80 | 90 | 0.01 | 0.001 | 2.5 | 84.12 |

IIPMSSAM 干缩试验结果　　　　　　　　　　　　　　表 5.1-36

| 水泥剂量:4%　代号:B4 | | | | | 水泥剂量:5%　代号:D4 | | | | |
|---|---|---|---|---|---|---|---|---|---|
| 龄期<br>(d) | 失水率<br>(%) | 干缩量<br>(mm) | 干缩应变<br>($10^{-6}$) | 干缩系数<br>($10^{-6}$) | 龄期<br>(d) | 失水率<br>(%) | 干缩量<br>(mm) | 干缩应变<br>($10^{-6}$) | 干缩系数<br>($10^{-6}$) |
| 1 | 1.37 | 0.017 | 42.5 | 31.02 | 1 | 1.50 | 0.020 | 50.0 | 33.33 |
| 2 | 0.98 | 0.013 | 37.5 | 34.04 | 2 | 1.09 | 0.019 | 47.5 | 37.64 |
| 3 | 0.51 | 0.013 | 37.5 | 41.08 | 3 | 0.48 | 0.018 | 45.0 | 46.42 |
| 4 | 0.43 | 0.012 | 30.0 | 44.83 | 4 | 0.39 | 0.016 | 40.0 | 52.75 |
| 5 | 0.39 | 0.011 | 27.5 | 47.55 | 5 | 0.26 | 0.016 | 40.0 | 59.81 |
| 6 | 0.28 | 0.011 | 27.5 | 51.14 | 6 | 0.21 | 0.015 | 37.5 | 66.16 |
| 7 | 0.20 | 0.010 | 25.0 | 54.69 | 7 | 0.21 | 0.012 | 30.0 | 70.05 |
| 9 | 0.19 | 0.009 | 22.5 | 57.47 | 9 | 0.16 | 0.012 | 30.0 | 74.42 |
| 11 | 0.12 | 0.009 | 22.5 | 60.96 | 11 | 0.15 | 0.011 | 27.5 | 78.09 |
| 13 | 0.11 | 0.008 | 20.0 | 63.86 | 13 | 0.14 | 0.009 | 22.5 | 80.61 |
| 15 | 0.10 | 0.007 | 17.5 | 66.24 | 15 | 0.14 | 0.008 | 20.0 | 82.45 |
| 17 | 0.08 | 0.007 | 17.5 | 68.80 | 17 | 0.12 | 0.008 | 20.5 | 84.64 |
| 19 | 0.09 | 0.006 | 15.0 | 70.62 | 19 | 0.10 | 0.007 | 17.5 | 86.46 |
| 21 | 0.07 | 0.005 | 12.5 | 72.15 | 21 | 0.09 | 0.006 | 15.0 | 87.90 |
| 23 | 0.05 | 0.004 | 10.0 | 73.44 | 23 | 0.06 | 0.005 | 12.5 | 89.31 |
| 25 | 0.04 | 0.005 | 12.5 | 75.35 | 25 | 0.04 | 0.004 | 10.0 | 90.56 |
| 27 | 0.03 | 0.003 | 7.5 | 76.39 | 27 | 0.03 | 0.003 | 7.5 | 91.49 |
| 29 | 0.02 | 0.002 | 5.0 | 77.08 | 29 | 0.02 | 0.003 | 7.5 | 92.58 |
| 60 | 0.01 | 0.001 | 2.5 | 77.42 | 60 | 0.02 | 0.001 | 2.5 | 92.71 |
| 90 | 0.00 | 0.001 | 2.5 | 77.91 | 90 | 0.01 | 0.001 | 2.5 | 93.01 |

　　失水率、干缩应变、干缩系数随时间变化的规律如图 5.1-40～图 5.1-42 所示。可知，无论何种替代方式下，8 种混合料的失水率均随着时间的延长而逐渐降低，0～11d 内，混合料失水率呈明显下降趋势，试验开始 4d 后的失水率降低幅度较大，11d 以后，下降趋势变缓，说明混合料内部水分随着干缩养护时间的延长而逐渐减少，失水率下降幅度变小。前期失水率降低速率较快的原因是混合料中的水泥、钢渣在干缩养护初期均可与水发生反应，加快试件内水分的消耗，其次试件中水分的蒸发也会加快失水率降低速率。试验后期时，水泥、钢渣的水化反应逐渐完成，并且钢渣表面裹附着前期水化反应的生成物，降低钢渣与水的反应速率，进而导致水分消耗较少，失水率降低速率由快变慢。由图中还可知，含改性钢渣混合料的失水率降低速率则快于普通钢渣，这是由于改性钢渣具有较好的疏水能力，保水能力较弱，混合料内部水分流失较快，进而导致失水率增加。

　　从图 5.1-41 中可见，混合料干缩应变的变化规律与失水率相似，即随着时间的增长而逐渐降低。此外，水泥剂量的大小也影响着混合料干缩应变的变化，同种钢渣替代方式下，水泥用量越多，混合料干缩应变随之增加，这是由于水泥的水化反应所致；然而当水泥剂量相同时，无论钢渣改性与否，SSAM、IPMSSAM、IIPMSSAM 的干缩应变均小于

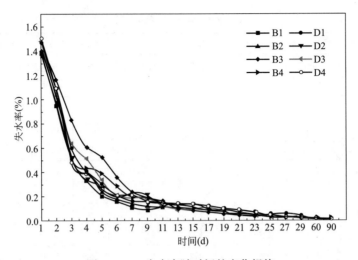

图 5.1-40　失水率随时间的变化规律

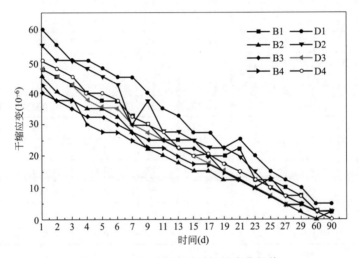

图 5.1-41　干缩应变随时间的变化规律

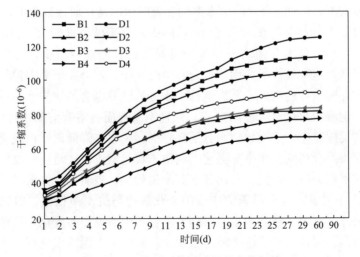

图 5.1-42　干缩系数随时间的变化规律

NAM，说明钢渣的掺入可以降低混合料的干缩应变，其中 IPMSSAM、IIPMSSAM 的降低效果优于 SSAM。

从图 5.1-42 中可以看出，随时间的推移，混合料的干缩系数呈逐渐上升趋势，但到试验后期上升速率逐渐变缓。各钢渣替代方式下混合料的总干缩系数如表 5.1-37 所示。

各钢渣替代方式下混合料的总干缩系数 表 5.1-37

| 代号 | 干缩系数($10^{-6}$) | 代号 | 干缩系数($10^{-6}$) |
|---|---|---|---|
| B1 | 113.34 | D1 | 125.17 |
| B2 | 82.12 | D2 | 104.61 |
| B3 | 67.80 | D3 | 84.12 |
| B4 | 77.91 | D4 | 93.01 |

由表 5.1-37 中数据可知，5％水泥＋10％粉煤灰时，未掺钢渣混合料的干缩系数为 $125.17×10^{-6}$，而将未改性钢渣粗集料全部代替天然碎石后，干缩系数为 $104.61×10^{-6}$，下降了 16.4％，说明钢渣对混合料的干燥收缩具有一定的抑制作用，随着试验时间的推移，钢渣与水反应产生的体积膨胀应力可与混合料干燥收缩时产生的收缩应力相抵消，进而导致后者收缩系数低于前者。由表中数据还可知，改性钢渣替代未改性钢渣后，混合料的干缩系数进一步降低，这是由于改性钢渣在降低混合料保水能力的同时，其表面改性层也可延缓钢渣与水的反应速率，有效地抑制水泥、钢渣在水化反应时混合料体积产生的收缩变化。

### 6. 小结

本章对优选出的 16 种类型（即水泥用量为 4％和 5％，粉煤灰剂量为 10％）的水泥稳定碎石钢渣混合料进行了抗压强度、抗拉强度、抗压回弹模量等力学性能试验，并以上述试验结果为依据，进一步优选出 8 种类型混合料，通过冻融试验、干缩试验评价混合料的抗冻和抗裂性能。

1）根据试验结果可知，不同水泥剂量下，各配比下的混合料力学性能受养护龄期的影响较大，龄期越长，混合料性能越好。

2）分析回弹模量结果得知，含钢渣、改性钢渣混合料的强度和模量均高于水泥稳定碎石混合料，且当 4.75～9.5mm 改性钢渣替代同粒径未改性钢渣时，水泥稳定碎石钢渣混合料的力学性能均优于其他类型混合料。

3）通过冻融试验可知，水泥剂量相同时，各配比下水泥稳定碎石钢渣混合料的抗冻系数变化趋势与强度和模量的变化趋势相同，抗冻系数随龄期的增加而增大，其中 4.75～9.5mm 粒径的改性钢渣对混合料抗冻性能的提升具有积极的促进作用，在 5％水泥＋10％粉煤灰剂量下，养护 90d 后，D3 的抗冻系数可达到 96.18％，与未掺钢渣混合料相比提高了 2.8％。

4）通过干缩试验可知，钢渣在水化反应过程中产生的体积膨胀应力可与混合料干燥收缩时产生的收缩应力相互抵消，在一定程度上可以减小混合料的收缩变形，提高混合料的抗裂能力。

5）通过对比各配比下混合料的力学、抗冻、抗裂性能，确定出 IPMSSAM 即为最佳配合比，即 5％水泥＋10％粉煤灰剂量、最佳替代方式为 4.75～9.5mm 改性钢渣替代同档位普通钢渣，其余档位粗集料仍采用普通钢渣。

## 5.2 钢渣在沥青面层中的应用

### 1. 试验方案

通过对钢渣物化特性分析，钢渣表面粗糙多孔，从而导致钢渣吸水率较高，浸水膨胀率不满足规范要求。为实现钢渣的资源化利用，采用甲基硅酸钠溶液、二氧化硅胶体溶液、聚丙烯酸酯乳液三种改性剂对钢渣进行改性处理，对不同改性时间、改性浓度、钢渣粒径等类型的改性钢渣进行物理力学性能测试，结合扫描电子显微镜（SEM）研究三种改性剂的改性机理，优选出不同改性剂最佳改性时间和改性浓度。在此基础上，选用钢渣和改性钢渣替代石灰岩集料，对混合料进行级配设计，评价钢渣沥青混合料的路用性能。

### 2. 改性钢渣的制备

（1）改性材料

本文选用三种有机溶液作为改性剂，如图 5.2-1～图 5.2-3 所示，分别是甲基硅酸钠溶液、二氧化硅胶体溶液和聚丙烯酸酯乳液，均具有良好的成膜性，其具体指标见表 5.2-1。

图 5.2-1 甲基硅酸钠溶液　　　　图 5.2-2 $SiO_2$ 胶体溶液　　　　图 5.2-3 聚丙烯酸酯乳液

改性剂的技术指标　　　　　　　　　　　　　　　　表 5.2-1

| 名称 | 甲基硅酸钠溶液 | 二氧化硅胶体溶液 | 聚丙烯酸酯乳液 |
| --- | --- | --- | --- |
| 外观 | 无色透明液体 | 半透明液体 | 乳白色液体 |
| pH | ≥13 | 9.5～11.0 | 9.0～10.0 |
| 质量分数（％） | 46 | 30.5 | 55 |
| 晶粒大小（nm） | — | 8～15 | — |

（2）改性方法

目前用到的改性方法主要是喷淋法和浸泡法。喷淋法是指将改性剂储存在喷淋的容器中，然后均匀的喷洒在集料表面，此方法适用于表面较为平整，孔隙较少的集料，比较节省改性剂；浸泡法是将集料浸泡在改性剂溶液当中，改性剂溶液在集料表面形成一层改性保护层，此方法适用的范围较广，对集料表面结构要求不大，且改性效果较好。两种改性方法，浸泡法改性之后集料表面附着的改性剂面积较大，喷淋法改性之后集料表面附着的改性剂面积较小。综合考虑，采用浸泡法对钢渣进行表面改性处理。

由于钢渣表面粗糙，有较多孔隙，为保证其改性效果，每种改性剂溶液都选用三种改性浓度。预试验中，三种改性剂溶液分别设置了 20 个改性浓度，即 1%～20%，5 个改性时间，即 3h、6h、12h、24h、48h，测试不同改性浓度下的改性效果，主要以吸水率、压碎值、磨耗值和膨胀率等物理性能为准。根据不同改性浓度和改性时间下的钢渣改性预试验测试结果，得出以下结论：

1）改性钢渣的性能优劣受钢渣颗粒表面积与改性溶液的接触面积影响，为保证改性效果，选用改性剂浓度和改性时间作为钢渣改性试验的主要变量；

2）甲基硅酸钠溶液、二氧化硅胶体溶液和聚丙烯酸酯乳液的改性浓度分别选定 3%～7%、1%～3%、12%～16%，改性时间选定 6h、12h、24h。

改性方案如下表 5.2-2 所示，改性钢渣的制备过程见图 5.2-4。

试验改性方案　　　　　　　　　　　　　表 5.2-2

| 改性剂种类 | 改性浓度（%） | 改性时间（h） | 粒径范围（mm） | 改性钢渣类型 |
|---|---|---|---|---|
| 甲基硅酸钠溶液 | 3 | | | NSS |
| | 5 | | | |
| | 7 | | | |
| 二氧化硅胶体溶液 | 1 | 6、12、24 | 4.75～19 | SSS |
| | 2 | | | |
| | 3 | | | |
| 聚丙烯酸酯乳液 | 12 | | | CSS |
| | 14 | | | |
| | 16 | | | |

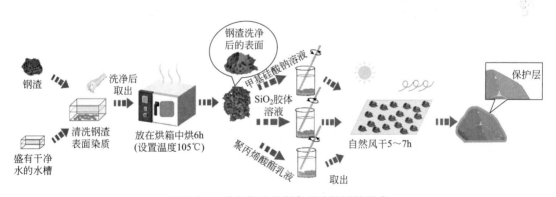

图 5.2-4　改性钢渣的制备及改性层的形成

为保证改性效果，在表面改性过程中，每隔 2h 对溶液进行一次搅拌，保证每个钢渣都被充分浸泡，浸泡结束后，捞出钢渣自然风干 5～7h。见图 5.2-5～图 5.2-8。

3. 改性钢渣的基本性能研究

（1）吸水率

根据前文所述，钢渣表面多孔粗糙，导致吸水率不满足规范要求，本节在制备出不同类型改性钢渣后，分别测试了不同种类改性钢渣在不同改性浓度、改性时间以及不同粒径下的吸水率大小，试验中每组试样进行两次平行试验，共108组试样，进行了216次试验。

图5.2-5 甲基硅酸钠溶液改性钢渣

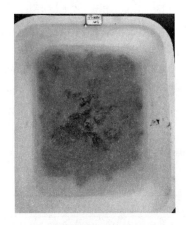

图5.2-6 二氧化硅胶体溶液改性钢渣

图5.2-7 聚丙烯酸酯乳液改性钢渣

图5.2-8 将改性钢渣自然风干

图5.2-9 粗集料吸水浸泡

按照试验《公路工程集料试验规程》JTG E42—2005，测试改性钢渣吸水率，步骤如下：①分别取1kg左右的4.75～9.5mm、9.5～13.2mm、13.2～16mm、16～19mm粒径的集料，放在盛有自来水的容器中，集料放入后，水面要高出集料表面2cm左右，如图5.2-9所示，25℃下浸泡24h，取出后用拧干的湿毛巾擦干集料表面多余水分，称取集料质量（$m_f$）；②立即将集料放入烘箱中，设置温度105℃，保温4～6h后取出，称取烘干质量（$m_a$）。吸水率计算方法如式（5-16）所示：

$$w_x = \frac{m_f - m_a}{m_a} \times 100\%  \tag{5-16}$$

经过吸水率测试得到的试验结果如表 5.2-3～图 5.2-5 所示。

图 5.2-10～图 5.2-12 分别给出了三种改性剂改性钢渣后的吸水率测试结果，由于试验变量包括改性剂种类、改性时间、改性剂浓度和粒径等不同因素，下面将从不同角度对吸水率结果进行分析。

NSS 吸水率　　　　　　　　　　　　　　　　　表 5.2-3

| 粒径尺寸(mm) | 改性剂浓度(%) | 不同处理时间下的吸水率(%) | | |
|---|---|---|---|---|
| | | 6h | 12h | 24h |
| 4.75～9.5 | 3 | 1.47 | 1.45 | 1.47 |
| | 5 | 1.35 | 1.29 | 1.32 |
| | 7 | 1.44 | 1.14 | 1.14 |
| 9.5～13.2 | 3 | 0.92 | 0.88 | 0.85 |
| | 5 | 0.90 | 0.81 | 0.77 |
| | 7 | 0.88 | 0.81 | 0.83 |
| 13.2～16 | 3 | 0.83 | 0.66 | 0.67 |
| | 5 | 0.80 | 0.75 | 0.77 |
| | 7 | 0.83 | 0.66 | 0.64 |
| 16～19 | 3 | 0.76 | 0.69 | 0.80 |
| | 5 | 0.77 | 0.70 | 0.79 |
| | 7 | 0.72 | 0.68 | 0.73 |

SSS 吸水率　　　　　　　　　　　　　　　　　表 5.2-4

| 粒径尺寸(mm) | 改性剂浓度(%) | 不同处理时间下的吸水率(%) | | |
|---|---|---|---|---|
| | | 6h | 12h | 24h |
| 4.75～9.5 | 1 | 2.04 | 1.81 | 1.65 |
| | 2 | 2.05 | 1.47 | 1.50 |
| | 3 | 1.97 | 1.45 | 1.45 |
| 9.5～13.2 | 1 | 1.84 | 1.81 | 1.65 |
| | 2 | 1.67 | 1.64 | 1.62 |
| | 3 | 1.63 | 1.63 | 1.62 |
| 13.2～16 | 1 | 1.17 | 1.18 | 1.15 |
| | 2 | 1.16 | 1.16 | 1.14 |
| | 3 | 1.16 | 1.15 | 1.13 |
| 16～19 | 1 | 1.01 | 0.97 | 0.96 |
| | 2 | 0.98 | 0.96 | 0.95 |
| | 3 | 0.99 | 0.95 | 0.95 |

CSS 吸水率                                                                 表 5.2-5

| 粒径尺寸(mm) | 改性剂浓度(%) | 不同处理时间下的吸水率(%) | | |
|---|---|---|---|---|
| | | 6h | 12h | 24h |
| 4.75～9.5 | 12 | 2.04 | 1.83 | 1.70 |
| | 14 | 1.64 | 1.55 | 1.50 |
| | 16 | 1.70 | 1.64 | 1.60 |
| 9.5～13.2 | 12 | 1.72 | 1.77 | 1.64 |
| | 14 | 1.79 | 1.42 | 1.22 |
| | 16 | 2.02 | 1.50 | 1.21 |
| 13.2～16 | 12 | 1.62 | 1.46 | 1.33 |
| | 14 | 1.47 | 1.31 | 1.14 |
| | 16 | 1.29 | 1.24 | 1.19 |
| 16～19 | 12 | 1.54 | 1.37 | 1.27 |
| | 14 | 1.43 | 1.25 | 1.23 |
| | 16 | 1.47 | 1.23 | 1.13 |

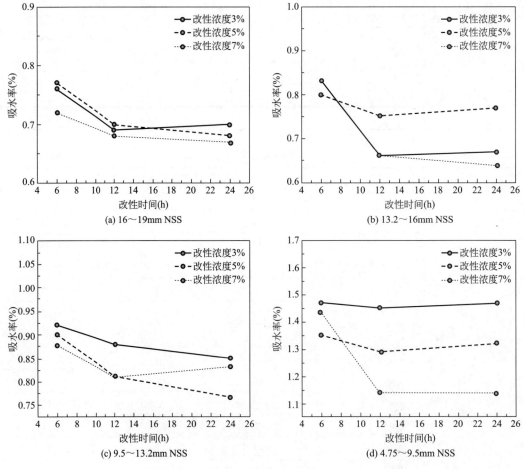

图 5.2-10  NSS 吸水率

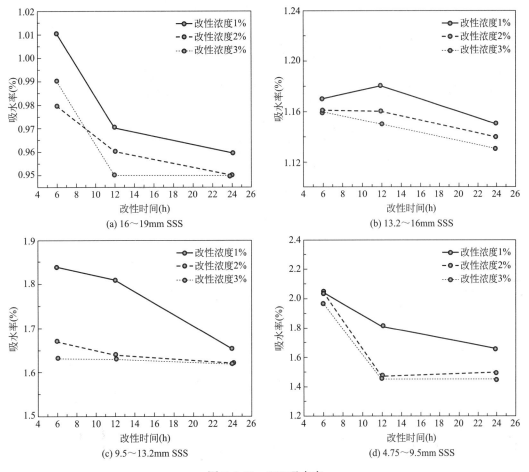

图 5.2-11　SSS 吸水率

1）当改性浓度和改性剂种类相同时，分析改性时间对改性钢渣吸水率的影响。吸水率是评价钢渣遇水时对水分吸收速率的大小，吸水率越小，钢渣遇水时吸收的水分越少，膨胀的风险越小。NSS、SSS 和 CSS 的吸水率随改性时间的延长大体表现出逐渐降低的趋势，在改性时间超过 12h 后，吸水率下降速率减缓，个别出现吸水率升高的情况，但涨幅较小，说明改性时间的延长并不能对吸水率的大小产生过多影响，由此推断 NSS、SSS 和 CSS 的最佳改性时间为 12h。

2）当改性时间和改性剂种类相同时，分析改性剂浓度对改性钢渣吸水率的影响。以改性时间 12h 为例，NSS 中 3％和 5％浓度在不同粒径中表现不同，13.2～16mm 和 16～19mm 中 5％浓度时吸水率最大，而 9.5～13.2mm 和 4.75～9.5mm 中 3％浓度的吸水率最大，且粒径越小，两种浓度的吸水率差异越大，但四种粒径的吸水率最小值均出现在 7％浓度时。SSS 中吸水率的最小值保持在浓度为 3％时，但吸水率在 2％与 3％浓度时相差不大。CSS 中 16～19mm 和 13.2～16mm 的钢渣吸水率最小值为 16％浓度，9.5～13.2mm 和 4.75～9.5mm 的吸水率最小值出现在 14％浓度，且两种浓度的吸水率相差不到 0.1％。

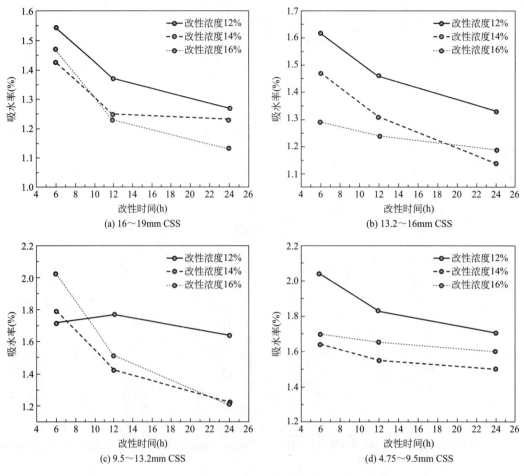

图 5.2-12　CSS 吸水率

3）当改性时间相同时，分析不同种类改性钢渣的吸水率大小。以 9.5～13.2mm 粒径的改性钢渣为例，NSS 的吸水率浮动范围是 0.77%～0.92%，SSS 为 1.62%～1.84%，CSS 为 1.21%～1.64%，与未改性钢渣相比，吸水率大幅减小，大大降低了钢渣遇水膨胀的概率。

（2）压碎值

使用压碎值来评价材料抵抗压碎的性能。参照《公路工程集料试验规程》JTG E42—2005，石灰岩、钢渣、改性钢渣集料均选取了 9.5～13.2mm 粒径。将集料装入试模中，用金属棒捣实，装上压头放在压力机下，设置加载速率和强度为 10min 加载至 400kN。用 2.36mm 的方孔筛筛分卸载后试模中的集料，并称取通过筛孔的碎屑质量。计算方法为式（5-17），试验过程见图 5.2-13，结果见图 5.2-14～图 5.2-16。

$$Q_a = \frac{m_1}{m_0} \tag{5-17}$$

式中　$Q_a$——钢渣压碎值（%）；

$m_0$——压碎前钢渣质量（g）；

$m_1$——压碎后通过 2.36mm 筛孔的钢渣质量（g）。

图 5.2-13　压力试验机

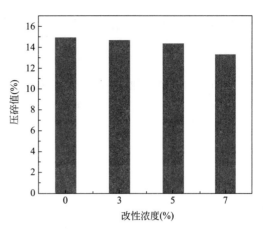

图 5.2-14　不同浓度 NSS 的压碎值

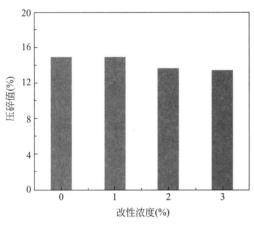

图 5.2-15　不同浓度 SSS 的压碎值

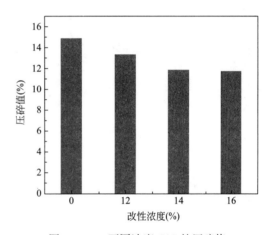

图 5.2-16　不同浓度 CSS 的压碎值

观察图 5.2-14，NSS 的压碎值波动较小，不同浓度变化下，其压碎值均维持在 14％左右，当改性浓度上升到 7％时，压碎值出现明显降低，达到 13.31％。观察图 5.2-15，当改性浓度为 2％和 3％时，与空白对照组（未改性钢渣）相比，SSS 的压碎值降低了 1.27％和 1.47％，两种改性浓度下压碎值变化不大。观察图 5.2-16，CSS 的压碎值随改性浓度的增大先降低后趋于稳定，改性浓度大于 14％后，压碎值大小几乎不变。

仔细观察以上三个压碎值的试验结果图，NSS、SSS 和 CSS 的压碎值均较空白对照组有所下降，说明改性之后，钢渣的抗压碎能力得到提高。不仅如此，改性浓度越高，三种改性钢渣的压碎值越低，说明材料抵抗压碎的能力越强。当改性浓度为 14％时，CSS 的压碎值较未改性钢渣下降了 3.06％，是三种改性钢渣中压碎值最低的，且下降幅度最大，表现出最优异的抗压碎性能。

（3）洛杉矶磨耗值

使用洛杉矶磨耗值来评价材料抵抗磨耗的性能。参照《公路工程集料试验规程》JTG E42-2005，称取 2500g 9.5～13.2mm 的钢渣集料，将其置于钢桶中，转动 500 圈。用 1.7mm 的方孔筛进行筛分试验后的钢渣集料，称取留在筛孔上的碎屑质量。计算公式为式（5-18），试验过程如图 5.2-17。

$$Q = \frac{m_1 - m_2}{m_1} \qquad (5\text{-}18)$$

式中　$Q$——洛杉矶磨耗损失（％）；

　　　$m_1$——装入圆桶中钢渣质量（g）；

　　　$m_2$——筛孔上的钢渣质量（g）。

经过磨耗值试验，得到如图 5.2-18～图 5.2-20 所示的试验结果。

图 5.2-17　洛杉矶磨耗值试验仪

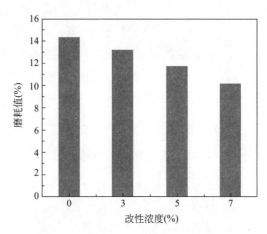

图 5.2-18　不同浓度 NSS 的磨耗值

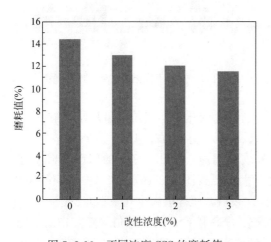

图 5.2-19　不同浓度 SSS 的磨耗值

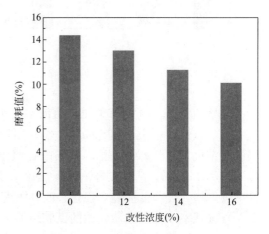

图 5.2-20　不同浓度 CSS 的磨耗值

观察图 5.2-18～图 5.2-20，经改性处理后，NSS 和 CSS 的磨耗值急速下降，在 NSS 的改性浓度增加到 7％时，试验范围内 NSS 的磨耗值最低，较空白对照组降低了 4.3％。随着改性浓度的增加，CSS 的磨耗值也在不断下降，与空白对照组相比，16％浓度对应的磨耗值最低，此时两者相差 4.3％，是三种改性钢渣中磨耗值最低的一组。不同的是，SSS 的磨耗值虽然较空白对照组也有所降低，但随着改性浓度的增加，磨耗值的下降程度较为缓慢，在浓度为 3％时达到最低，为 11.7％。

经三种改性剂处理后，钢渣的磨耗值出现了不同程度的下降，是因为改性层对钢渣的强度有不同程度的增强，从而改善了钢渣的抗磨耗性能。改性浓度越高，改性钢渣的磨耗值越小，越能提高钢渣的抗磨耗能力。三种改性钢渣分别在浓度为 7％、3％和 16％时磨耗值最低，此时改性钢渣的抗磨耗性能最强。

结合压碎值、吸水率的试验结果，三种改性剂随着改性浓度的升高，性能不断增强，但 SSS、CSS 在 3％、16％浓度时的压碎值和磨耗值跟 2％、14％浓度的测试结果相差不大。吸水率、压碎值、磨耗值的测试不仅是对改性钢渣物理性能的测试更是为浸水膨胀率测试做好准备，本着经济性原则，下面的浸水膨胀率测试 NSS、SSS 和 CSS 的浓度分别为：7％、2％和 14％。

（4）浸水膨胀率

钢渣遇水膨胀，是造成钢渣路面开裂的主要原因。参照《耐磨沥青路面用钢》GB/T 24765—2009 中的方法评价改性钢渣的浸水膨胀率，结合前面吸水率、压碎值和磨耗值的试验结果，本次试验只采用 7％浓度的甲基硅酸钠溶液、2％浓度的二氧化硅胶体溶液和 14％浓度的聚丙烯酸酯乳液对钢渣进行改性处理，测试其改性效果。试验过程如图 5.2-21 所示。

1）同一类型不同粒径钢渣的浸水膨胀率

图 5.2-22、图 5.2-23 和图 5.2-24 展示了三种改性钢渣膨胀率随着浸水时间的推移都呈现出先增大后趋于稳定的变化趋势，NSS、SSS 和 CSS 分别在第 9d、8d 和 7d 的时候膨胀率几乎不再发生变化。此外，钢渣经过改性后，四种粒径的钢渣集料浸水膨胀率较未改性钢渣有所降低，同一粒径三种改性钢渣的浸水膨胀率依次是：NSS＞SSS＞CSS，CSS 的浸水膨胀率是最低的，说明聚丙烯酸酯改性剂对钢渣的体积膨胀起了很好的抑制作用。

图 5.2-21　浸水膨胀率试验过程

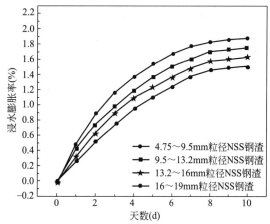

图 5.2-22　NSS 钢渣的体积膨胀率曲线

2）同一粒径不同类型钢渣的浸水膨胀率

从图 5.2-25～图 5.2-28 中可以得出，相同粒径下不同改性剂对钢渣抑制膨胀的效果存在一定的差异，NSS 的 4.75～9.5mm、9.5～13.2mm、13.2～16mm、16～19mm 粒径膨胀率与未改性钢渣相比降低了 12.41％、12.5％、4.71％、1.96％，SSS 降低了16.16％、17.5％、6.47％、1.96％，CSS 降低了 29.74％、29.5％、22.35％、22.22％。图中可以看出，四种粒径钢渣膨胀率均随着浸水时间的延长呈现出先增大后趋于平缓的趋

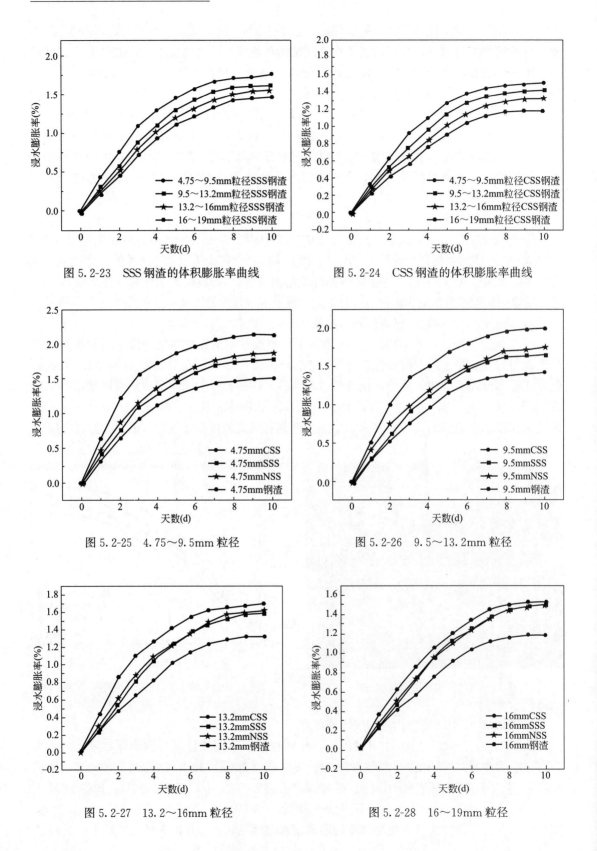

图 5.2-23 SSS 钢渣的体积膨胀率曲线

图 5.2-24 CSS 钢渣的体积膨胀率曲线

图 5.2-25 4.75～9.5mm 粒径

图 5.2-26 9.5～13.2mm 粒径

图 5.2-27 13.2～16mm 粒径

图 5.2-28 16～19mm 粒径

势，且未改性钢渣与三种改性钢渣之间的差距先增大后减小。分析原因，在改性前期，未改性钢渣表面没有改性保护层作为隔水薄膜，表面的多孔孔隙与水分直接接触，加速了钢渣的水化反应，钢渣中的活性分子 f-CaO 与水发生反应不断的生成 $Ca(OH)_2$，造成钢渣的体积膨胀；而改性钢渣表面的改性保护层具有一定的阻水作用，从而减缓了改性钢渣的体积膨胀；随着浸水时间的推移，钢渣内部的活性分子不断被消耗，水化反应逐渐减弱，膨胀速率也慢慢下降，因此曲线逐渐趋于平缓，钢渣与改性钢渣之间的差距也逐渐变小，但仍存在一定的差距。说明改性钢渣的体积安定性较好，可以延缓钢渣的体积膨胀。此外，不同粒径的改性钢渣较未改性钢渣的浸水膨胀率下降程度不同可能与改性处理工艺有关。但无论是哪一种粒径的改性钢渣，CSS 的浸水膨胀率都是最低的也是最快趋于平稳的。因此，CSS 的体积稳定性最好。

综上所述，NSS、SSS 和 CSS 的压碎值和磨耗值随改性浓度的升高呈现不断减小的趋势，说明改性浓度越高，钢渣的抗压碎和抗磨耗的能力越好；改性浓度越高，吸水率也越低，说明改性保护层具有一定的阻水作用。三种改性钢渣分别在浓度为 7%、2% 和 14% 时，各项指标相对钢渣对照组有很大程度的提高，当改性浓度再次增大时，各项指标变化不大。本着经济性原则，优选出 NSS、SSS 和 CSS 的最佳改性浓度为 7%、2% 和 14%，并在最佳改性浓度的基础上进行混合料的性能测试。

（5）表观形貌

使用扫描电子显微镜（SEM）观察钢渣表观形貌特征，将四种钢渣制备成 $2cm \times 2cm \times 5mm$ 的试件，得出图 5.2-29～图 5.2-31。

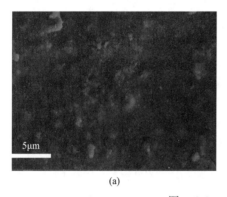

(a)　　　　　　　　　　　　　　(b)

图 5.2-29　NSS 微观形貌

(a)　　　　　　　　　　　　　　(b)

图 5.2-30　SSS 微观形貌

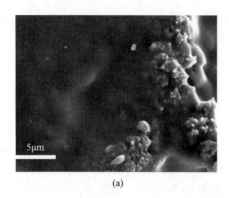 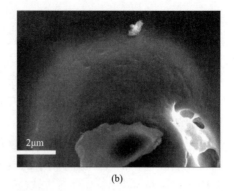

(a)                                            (b)

图 5.2-31　CSS 微观形貌

分析图 5.2-29～图 5.2-31 可知，三种改性钢渣的表面均附着了一层改性保护层，因为这个保护层的存在才阻隔了钢渣与水分的接触。

钢渣本身的物理力学性能和石灰岩相似，但钢渣的体积安定性不足，遇水膨胀是限制其应用推广的关键。图中可以看出，钢渣本身孔隙较多。经不同改性剂改性后钢渣表面的孔隙得到不同程度的填充，表面被一层改性保护层覆盖。NSS 表面的薄膜结构是甲基硅酸钠与空气中的水和二氧化碳反应生成的一层极薄的防水性聚硅氧烷膜，如式（5-19），聚硅氧烷膜是一种凹凸不平、非晶相的硅膜结构，表面比较粗糙，因此 NSS 的改性层不仅起到阻水的作用，还增大了钢渣表面粗糙程度，增强了抗压碎和抗磨耗的能力。此外，聚硅氧烷膜呈碱性，与弱酸的沥青会产生一系列的化学耦合反应，从而增强与沥青间的黏附性。

$$2CH_3Si(OH)_2ONa + CO_2 + H_2O \longrightarrow 2[CH_3Si(OH)_3] +$$

$$Na_2CO_3 \quad n[CH_3Si(OH)_3] \longrightarrow [CH_3SiO_{3/2}]_n + \frac{3}{2}H_2O \qquad (5-19)$$

在纳米二氧化硅胶体溶液对钢渣表面改性过程中，粒径极小的纳米 $SiO_2$ 填充了钢渣孔隙，使钢渣的吸水率下降；钢渣水化生成的 $Ca(OH)_2$ 容易引起体积膨胀，对钢渣的力学性能产生负面影响，附着在钢渣表面或填充在钢渣内部的纳米 $SiO_2$ 能快速与 $Ca(OH)_2$ 发生化学反应生成硅酸钙（C-S-H）凝胶，有效降低钢渣的膨胀率。此外，在纳米 $SiO_2$ 的作用下 C-S-H 被连接成致密的层状结构，如图 5.2-30 所示，进一步提高了 SSS 的整体性能。

图 5.2-31 中 CSS 的表面附着了一层致密的保护层薄膜，是因为聚丙烯酸酯乳液自身良好的成膜性且成膜后具有防水效果，不仅如此，聚丙烯酸酯乳液具有一定的粘结性可以增强 CSS 与沥青之间的黏附作用。

### 4. 改性钢渣沥青混合料配合比设计

钢渣/改性钢渣与石灰岩在密度方面的极大差异会对混合料配合比设计产生影响。本节在充分考虑钢渣/改性钢渣密度大的特点的同时，结合马歇尔试验法，对钢渣/改性钢渣沥青混合料的配合比设计做出了合理的改动，制备出马歇尔试件并测试其路用性能。

（1）石灰岩沥青混合料配合比

1）矿料级配的设计

本研究的混合料级配设计类型选用 AC-16 型级配，石灰岩沥青混合料（LSAM）选用

AC-16 级配中值进行配比。表 5.2-6 和图 5.2-32 分别是 LSAM 的级配通过率和级配曲线图。

**AC-16 级配通过率（%）** 表 5.2-6

| 筛孔尺寸(mm) | 19 | 16 | 13.2 | 9.5 | 4.75 | 2.36 | 1.18 | 0.6 | 0.3 | 0.15 | 0.075 |
|---|---|---|---|---|---|---|---|---|---|---|---|
| 级配上限 | 100 | 100 | 92 | 80 | 62 | 48 | 36 | 26 | 18 | 14 | 8 |
| 级配下限 | 100 | 90 | 76 | 60 | 34 | 20 | 13 | 9 | 7 | 5 | 4 |
| 级配中值 | 100 | 95 | 84 | 70 | 48 | 34 | 24.5 | 17.5 | 12.5 | 9.5 | 6 |

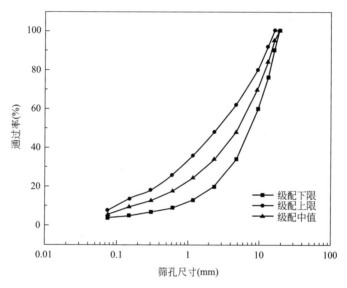

图 5.2-32 级配曲线图

2）最佳油石比的确定

合适的沥青用量不仅可以保证路面的路用性能满足规范，还可以尽可能地减少路面病害的发生。本研究采用 70 号石油沥青，拌合温度 160℃，初始沥青用量：3.5%、4.0%、4.5%、5.0%、5.5%，设置目标空隙率为 4.5%。根据马歇尔试验体积指标计算出最佳油石比，表 5.2-7 展示了体积指标的规范设计值。

**马歇尔体积参数指标** 表 5.2-7

| 指标 | 规范要求 |
|---|---|
| 空隙率(%) | 3～6 |
| 沥青饱和度(%) | 65～75 |
| 矿料间隙率(%) | ≥13 |
| 稳定度(kN) | ≥8 |
| 流值(mm) | 2～4 |
| 毛体积相对密度 | — |

观察图 5.2-33，分别取毛体积相对密度最大值、马歇尔稳定度最大值、目标空隙率、

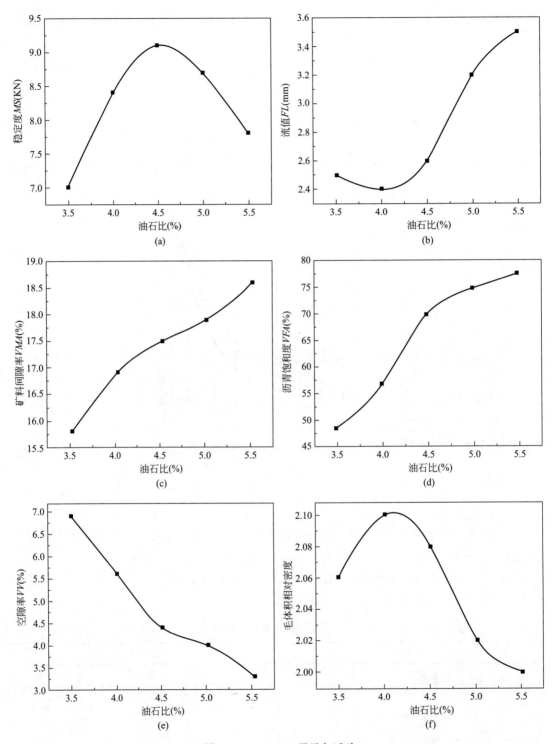

图 5.2-33　AC-16 马歇尔试验

沥青饱和度中值对应的沥青用量 $a_1$、$a_2$、$a_3$、$a_4$，计算四者的算术平均值，得最佳油石比初始值：$OAC_1 = 4.3\%$；根据表 5.2-7 和图 5.2-33 确定沥青用量范围：$OAC_{min} = 4.0\%$，$OAC_{max} = 5.5\%$，取两者平均值，得：$OAC_2 = 4.8\%$；最后确定最佳油石比：

$$OAC = \frac{OAC_1 + OAC_2}{2} = 4.6\%$$

（2）钢渣沥青混合料配合比

1）等体积换算法

采用马歇尔设计法进行级配设计时，各档集料的掺量比例为体积比，即体积通过率。但通常情况下，为了设计方便，将集料通过方孔筛的通过率认作质量通过率，即采用质量法来进行沥青混合料的级配设计。当集料间的密度一致或相差不大时，质量法所带来的试验误差可以忽略不计。由前文可知，钢渣的密度高出石灰岩 23.7%，钢渣全部替代石灰岩粗集料（4.75～19mm）时，如果采用质量法进行级配设计，忽略两种集料间的密度差异，相同质量下石灰岩所占的体积较钢渣所占体积增加，对于马歇尔试件来说，粗集料所占比例减小，而细集料比例增大，由此推断试件的空隙率会有所降低。正式试验开始之前，设计了质量法和体积法的对照试验，预试验结果与以上推断一致，质量法所制备的试件，空隙率大多低于 3%，未达到《公路工程沥青及沥青混合料试验规程》JTG E20—2011 的要求。

根据预试验结果，在进行钢渣/改性钢渣沥青混合料制备时应充分考虑两种集料因密度差异过大，带来的试件成型制备上的技术差异，与通常情况下将集料通过方孔筛的通过率认为是质量通过率的想法不同，要将级配曲线的通过率认作是体积通过率，对钢渣集料进行等体积替换得到质量比。具体换算公式见表 5.2-8。

等体积换算公式　　　　　　　　表 5.2-8

| 矿料成分 | 设计配合比（%） | 毛体积相对密度 | 质量分数（%） | 换算后质量比（%） |
|---|---|---|---|---|
| 1 | $P_1$ | $\gamma_1$ | $P_1 \times \gamma_1$ | $\frac{P_1 \times \gamma_1}{\sum} \times 100$ |
| 2 | $P_2$ | $\gamma_2$ | $P_2 \times \gamma_2$ | $\frac{P_2 \times \gamma_2}{\sum} \times 100$ |
| 3 | $P_3$ | $\gamma_3$ | $P_3 \times \gamma_3$ | $\frac{P_3 \times \gamma_3}{\sum} \times 100$ |
| … | … | …… | …… | …… |
| $n$ | $P_n$ | $\gamma_n$ | $P_n \times \gamma_n$ | $\frac{P_n \times \gamma_n}{\sum} \times 100$ |
| 合计 | 100 | | $\sum$ | 100 |

2）矿料级配的设计

根据等体积换算方法归纳出具体换算步骤：

① 首先钢渣等体积替换 4.75～19mm 粒径的石灰岩，设计出 SSAM（集料为普通钢渣的混合料）级配的体积比；

② 再利用表 5.2-8 计算出 SSAM 级配的体积配合比。

等体积换算后，得到表 5.2-9 所示的级配通过率，级配曲线见图 5.2-34。

钢渣改性之后毛体积相对密度改变不大，因此本试验的改性钢渣沥青混合料选用和SSAM 一样的级配设计。

**等体积换算后钢渣沥青混合料的级配通过率（%）** 表 5.2-9

| 筛孔尺寸(mm) | 19 | 16 | 13.2 | 9.5 | 4.75 | 2.36 | 1.18 | 0.6 | 0.3 | 0.15 | 0.075 |
|---|---|---|---|---|---|---|---|---|---|---|---|
| 级配上限 | 100 | 100 | 92 | 80 | 62 | 48 | 36 | 26 | 18 | 14 | 8 |
| 级配下限 | 100 | 90 | 76 | 60 | 34 | 20 | 13 | 9 | 7 | 5 | 4 |
| 级配中值 | 100 | 95 | 84 | 70 | 48 | 34 | 24.5 | 17.5 | 12.5 | 9.5 | 6 |
| 设计级配 | 100 | 90.5 | 84.5 | 61.5 | 43.5 | 31.5 | 22.5 | 16.5 | 11 | 8.5 | 5.5 |

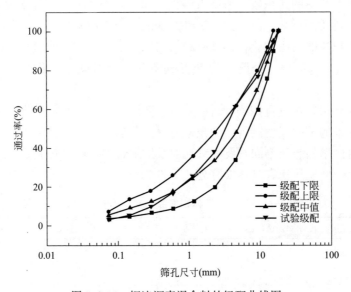

图 5.2-34　钢渣沥青混合料的级配曲线图

3）最佳油石比的确定

钢渣表面孔隙较多，会增大对沥青的吸收量，因此 SSAM 和 NSSAM、SSSAM 和 CSSAM[①] 的初始油石比均选用 3.7%、4.2%、4.7%、5.2%、5.7%。

**SSAM 马歇尔试件参数** 表 5.2-10

| 油石比(%) | 3.7 | 4.2 | 4.7 | 5.2 | 5.7 |
|---|---|---|---|---|---|
| 毛体积相对密度 | 2.709 | 2.710 | 2.757 | 2.799 | 2.800 |
| 空隙率 $VV$(%) | 7.80 | 7.79 | 4.94 | 1.84 | 1.15 |
| 矿料间隙率 $VMA$(%) | 18.203 | 18.170 | 16.767 | 15.119 | 15.689 |
| 沥青饱和度 $VFA$(%) | 56.97 | 57.14 | 70.52 | 87.81 | 92.67 |
| 稳定度 $MS$(kN) | 17.97 | 18.17 | 21.55 | 24.94 | 18.94 |
| 流值 $FL$(mm) | 3.31 | 3.30 | 2.86 | 4.86 | 5.41 |

---

① NSSAM、SSSAM、CSSAM 指以这三种改性钢渣为集料的混合料。

**NSSAM 马歇尔试件参数**　　　　　　　表 5.2-11

| 油石比(%) | 3.7 | 4.2 | 4.7 | 5.2 | 5.7 |
|---|---|---|---|---|---|
| 毛体积相对密度 | 2.700 | 2.791 | 2.806 | 2.750 | 2.680 |
| 空隙率 $VV$(%) | 7.38 | 6.03 | 4.70 | 1.95 | 1.20 |
| 矿料间隙率 $VMA$(%) | 21.00 | 19.50 | 17.65 | 15.80 | 14.50 |
| 沥青饱和度 $VFA$(%) | 57.25 | 65.03 | 75.00 | 87.65 | 90.00 |
| 稳定度 $MS$(KN) | 18.50 | 22.80 | 24.22 | 16.22 | 13.00 |
| 流值 $FL$/mm | 2.50 | 1.35 | 2.03 | 5.41 | 6.50 |

**SSSAM 马歇尔试件参数**　　　　　　　表 5.2-12

| 油石比(%) | 3.7 | 4.2 | 4.7 | 5.2 | 5.7 |
|---|---|---|---|---|---|
| 毛体积相对密度 | 2.650 | 2.800 | 2.790 | 2.730 | 2.670 |
| 空隙率 $VV$(%) | 6.85 | 5.69 | 3.18 | 1.21 | 0.41 |
| 矿料间隙率 $VMA$(%) | 18.50 | 16.62 | 15.40 | 14.88 | 14.00 |
| 沥青饱和度 $VFA$(%) | 58.46 | 65.81 | 79.33 | 91.89 | 97.30 |
| 稳定度 $MS$(KN) | 20.99 | 28.13 | 24.35 | 13.66 | 9.60 |
| 流值 $FL$(mm) | 1.78 | 1.91 | 4.30 | 6.50 | 7.50 |

**CSSAM 马歇尔试件参数**　　　　　　　表 5.2-13

| 油石比(%) | 3.7 | 4.2 | 4.7 | 5.2 | 5.7 |
|---|---|---|---|---|---|
| 毛体积相对密度 | 2.711 | 2.780 | 2.750 | 2.690 | 2.647 |
| 空隙率 $VV$(%) | 6.13 | 4.87 | 2.86 | 0.89 | 0.20 |
| 矿料间隙率 $VMA$(%) | 18.60 | 17.50 | 15.25 | 14.32 | 13.50 |
| 沥青饱和度 $VFA$(%) | 61.12 | 69.39 | 81.26 | 93.80 | 94.00 |
| 稳定度 $MS$(KN) | 19.00 | 24.13 | 19.20 | 12.00 | 10.00 |
| 流值 $FL$(mm) | 3.20 | 3.35 | 4.30 | 6.00 | 7.00 |

根据表 5.2-10～表 5.2-13 中数据，绘制图 5.2-35 和图 5.2-36 的参数曲线图。

同理，计算 $OAC_1$：

$$OAC_1 = \frac{a_1 + a_2 + a_3 + a_4}{4} \tag{5-20}$$

$OAC_2$：

$$OAC_2 = \frac{OAC_{\min} + OAC_{\max}}{2} \tag{5-21}$$

最后综合确定最佳油石比：

$$OAC = \frac{OAC_1 + OAC_2}{2} \tag{5-22}$$

根据式（5-20）～式（5-22），计算得出 SSAM 的最佳油石比是 4.7%，NSSAM 的最佳油石比是 4.6%，SSSAM 的最佳油石比是 4.4%，CSSAM 的最佳油石比是 4.3%，见图 5.2-37。

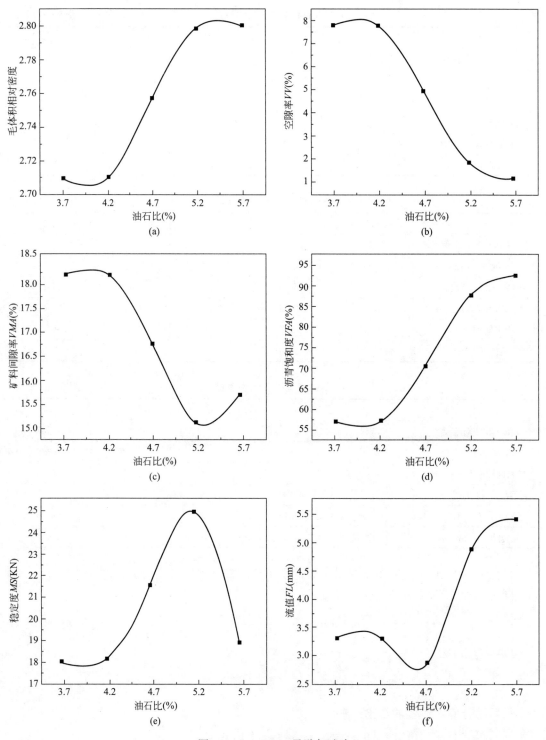

图 5.2-35 SSAM 马歇尔试验

图 5.2-37 中展示了 LSAM、SSAM、NSSAM、SSSAM 和 CSSAM 的最佳油石比，与 SSAM 相比，NSSAM、SSSAM 和 CSSAM 的最佳油石比分别降低了 0.1％、0.3％和 0.4％，整体减少了对石油沥青的消耗。

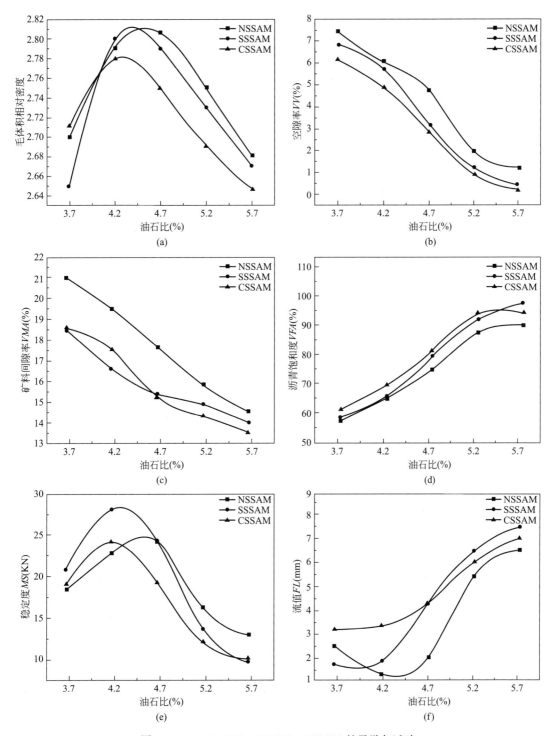

图 5.2-36 NSSAM、SSSAM、CSSAM 的马歇尔试验

5. 路用性能研究

将 NSS、SSS 和 CSS 掺入到沥青混合料，制备 NSSAM、SSSAM 和 CSSAM，与 LSAM 和 SSAM 对比，研究改性钢渣掺入沥青混合料的路用性能优势。

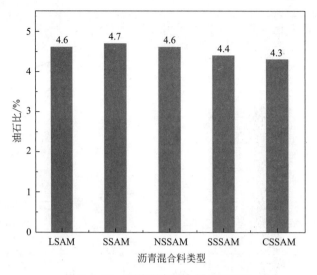

图 5.2-37　五种沥青混合料的油石比

（1）高温稳定性

1）马歇尔稳定度试验

根据《公路工程沥青及沥青混合料试验规程》JTG E20—2011 用击实法将沥青混合料制备成直径 101.6±0.25mm、高度 63.5±1.3mm 的马歇尔试件，然后将其放入 60℃恒温水浴箱中保温 30min 取出，试验结果如表 5.2-14 所示。

稳定度试验结果　　　　　　　　　　　　　　　　表 5.2-14

| 混合料类型 | 马歇尔稳定度（kN） |
| --- | --- |
| LSAM | 12.46 |
| SSAM | 16.45 |
| NSSAM | 17.44 |
| SSSAM | 16.55 |
| CSSAM | 20.98 |

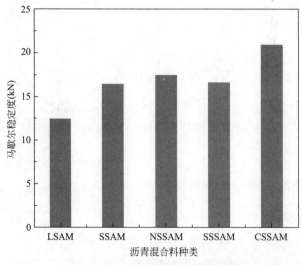

图 5.2-38　马歇尔稳定度试验结果

图 5.2-38 可以看出，五种沥青混合料的马歇尔稳定度均满足试验规范大于等于 8 的要求。与 LSAM 相比，SSAM、NSSAM、SSSAM 和 CSSAM 的稳定度分别上升了 32.02％、39.97％、32.82％和 68.38％，说明钢渣对沥青混合料的高温稳定性有一定的改善作用。NSSAM、SSSAM 和 CSSAM 的稳定度与 SSAM 相比提升程度也不尽相同，其中 SSSAM 的稳定度与 SSAM 的稳定度几乎相同，说明 SSS 的掺入并没有对高温稳定性起到显著的增强作用；CSSAM 的稳定度达到 20.98kN，比 SSAM 的稳定度提高了 27.54％；NSSAM 的稳定度介于 CSSAM 和 SSSAM 之间，对沥青混合料的高温性能也有一定的改善效果。

2）车辙试验

根据《公路工程沥青及沥青混合料试验规程》JTG E20—2011 成型车辙板试件，尺寸为 300mm×300mm×50mm，设置温度 60℃，以 21 次/min 的速度往返碾压各 12 次，检测车辙变形速率，记作动稳定度，由式（5-23）进行计算，试验过程见图 5.2-39，结果见表 5.2-15。

图 5.2-39　车辙试验过程

车辙试验结果　　　　　　　　　　　　　　　　　　　　　表 5.2-15

| 混合料类型 | 试验荷载（MPa） | 动稳定度（次/mm） |
| --- | --- | --- |
| LSAM | 0.70 | 1901 |
| SSAM | 0.70 | 2332 |
| NSSAM | 0.70 | 2543 |
| SSSAM | 0.70 | 3241 |
| CSSAM | 0.70 | 3562 |

$$DS = \frac{(t_2 - t_1) \times N}{d_2 - d_1} \times C_1 \times C_2 \tag{5-23}$$

式中　$DS$——动稳定度（次/mm）；

$d_1$、$d_2$——时间 $t_1$ 和 $t_2$ 的变形量（mm）；

$C_1$——试验系数，取 1.0；

$C_2$——试件系数，取 1.0；

$N$——试验轮往返碾压速度。

由图 5.2-40 可以看出，SSAM 的动稳定度大于 LSAM，与 SSAM 相比，NSSAM、SSSAM 和 CSSAM 的动稳定度分别提高了 9.05％、38.98％和 52.74％，主要是因为以下几个方面：

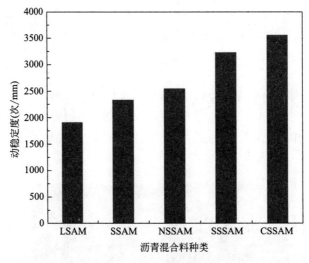

图 5.2-40　车辙试验结果

1）与 LSAM 相比，SSAM 的动稳定度提高了 22.67％，这与钢渣自身棱角性好、易在混合料内部形成致密的嵌锁反应有关，再加上钢渣表面多孔增强了与沥青之间的粘结力，从而提高了混合料的整体强度。

2）粗集料在混合料中起的是骨架支撑的作用，其性能的优劣直接决定着混合料性能的好坏。NSSAM 中，NSS 表面附着了一层几个分子厚的不溶性防水树脂薄膜，这层薄膜虽然封闭了钢渣表面的细纹和裂痕孔隙，但增大了钢渣集料表面的粗糙程度，提高了混合料的内摩阻力，进而改善了混合料的整体性能，提高了高温稳定性能。

3）SSSAM 中，改性钢渣表面形成的 C-S-H（硅酸钙）凝胶，不仅可以起到防水的作用，还能提高钢渣的抗压能力和抗磨耗性能，因此当路面沥青受到反复荷载作用时，SSS 集料较强的抗压能力和抗磨耗性能可以有效抵抗路面永久变形，延长路面使用寿命。

4）三种改性钢渣沥青混合料中 CSSAM 的动稳定度最高，说明其抗车辙能力最佳，结合对改性钢渣的性能分析，可能与 CSS 的压碎值和磨耗值有关。钢渣经过改性之后，表面附着的改性保护层不仅隔绝了钢渣与水分的接触，也提高了钢渣自身的强度。三种改性钢渣中，CSS 的压碎值和磨耗值最低，说明其抗压碎和抗磨耗的能力最强，当相同的荷载进行反复碾压时，其抵抗荷载的能力也就最强，高温稳定性越好。

（2）低温抗裂性

根据《公路工程沥青及沥青混合料试验规程》JTG E20—2011 要求制备低温劈裂试验试件，共 15 个马歇尔试件，制备完成后全部放入－18℃冰箱中持续冰冻 6h，取出后立即试验。试验过程和结果见图 5.2-41、图 5.2-42，表 5.2-16。

图 5.2-41　试验过程

图 5.2-42　改性钢渣沥青混合
料劈裂试验完成后试件

**劈裂试验结果**　　　　　　　　　　　　　　　　　　　　　　　表 5.2-16

| 混合料类型 | 劈裂强度（MPa） |
| --- | --- |
| LSAM | 3.77 |
| SSAM | 3.69 |
| NSSAM | 4.18 |
| SSSAM | 4.02 |
| CSSAM | 4.10 |

图 5.2-43 显示，SSAM 的劈裂强度低于 LSAM，这是因为长时间的露天堆放导致钢渣的孔隙内落入了较多粉尘杂质，造成整体强度降低。钢渣改性之后，劈裂强度有一定提升，但提升空间较小，是因为钢渣表面的改性保护层有一定的强度，可以稍微弥补未改性钢渣强度的不足，在一定程度上改善劈裂强度。

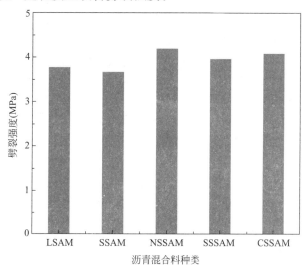

图 5.2-43　低温劈裂试验结果

141

观察图 5.2-42 不难发现，改性钢渣沥青混合料的断裂界面更多的是油石界面的断裂，钢渣粗集料断裂较少，没有出现小块的粉碎情况，这跟改性钢渣抗压碎能力强、硬度高，可以抵抗更强的荷载作用有关。

（3）水稳定性

沥青路面的损伤是车辆荷载、人群荷载以及环境等多种复杂因素共同作用的结果。其中水分是造成路面损伤的重要因素，水分侵入沥青混合料后会对沥青与集料表面的黏附性产生影响，导致油石界面黏附性下降，增加路面病害的发生几率。对于钢渣沥青路面而言，当水分不断侵入混合料后，油石界面的粘结力降低，会增加沥青从钢渣表面剥落的几率，从而增大钢渣与水分接触的面积，提高钢渣膨胀率，加剧水损害。因此，在铺筑钢渣/改性钢渣沥青混合料路面工程之前，进行水稳定性检测尤为重要。

1）浸水马歇尔试验

设置水浴箱温度 60℃，将五种类型的沥青混合料试件浸水 120h，使用残留稳定度作为衡量指标，每隔 24h 对马歇尔稳定度进行测试，按式（5-24）进行计算。

$$MS_0 = \frac{MS_1}{MS} \times 100 \tag{5-24}$$

式中　$MS_0$——残留稳定度，%；

　　　$MS$——浸水 30min 后试件的稳定度，kN；

　　　$MS_1$——浸水 48h 后试件的稳定度，kN。

本试验每种沥青混合料成型 5 组平行试件，每组 3 个试件，第一组试件在水浴箱中浸水 30min，取出测试稳定度；另外 4 组在相同温度下继续分别水浴 24h、48h、96h 和 120h 后进行试验，试验过程和结果如图 5.2-44、表 5.2-17 所示。

图 5.2-44　浸水马歇尔试验过程

残留稳定度（%）　　　　　　　　　　　　　　　　　　　表 5.2-17

| 类型 | 浸水时间(h) | | | |
|---|---|---|---|---|
| | 24 | 48 | 96 | 120 |
| LSAM | 93.69 | 90.74 | 87.57 | 80.26 |
| SSAM | 81.60 | 73.02 | 69.64 | 57.53 |

续表

| 类型 | 浸水时间(h) | | | |
|---|---|---|---|---|
| | 24 | 48 | 96 | 120 |
| NSSAM | 88.76 | 76.09 | 73.91 | 71.56 |
| SSSAM | 93.84 | 88.76 | 87.13 | 76.74 |
| CSSAM | 98.60 | 98.54 | 95.93 | 86.26 |

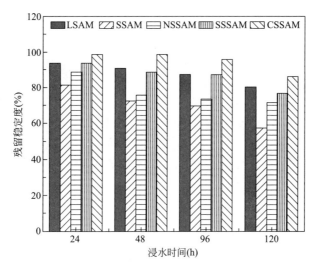

图 5.2-45　浸水马歇尔试验结果

由图 5.2-45 可以看出，恒温 48h 后，LSAM、SSAM、NSSAM、SSSAM、CSSAM 的残留稳定度分别达到了 90.74%、73.02%、76.09%、88.76% 和 98.54%，其中 SSAM 和 NSSAM 的残留稳定度已经不满足规范要求，这是因为长期水浴环境中，沥青与钢渣之间的粘结作用逐渐受到水分侵蚀，粘结力大大降低，导致钢渣水稳性变差。与 SSAM 相比，SSSAM 和 CSSAM 的残留稳定度提高了 15.74% 和 25.52%。随着浸水时间的增加，沥青混合料的残留稳定度逐渐降低，浸水 120h 后，五种沥青混合料分别降低了 13.43%、24.07%、17.2%、17.1% 和 12.34%，CSSAM 的残留稳定度下降最少，由此说明，CSSAM 的抗水损害性能最优。

2）冻融劈裂试验

根据试验规程，成型标准马歇尔试件，共 20 组，每组 3 个平行试件，具体试验步骤如下：

① 每种沥青混合料的第一组试件放于室温下保存备用；另外三组在 97.3kPa 的压强下进行真空饱水。

② 饱水结束后，将试件放入冰箱保温，设置温度−18℃，保温时间 16h。

③ 取出②中的试件放入水浴箱继续保温，设置温度 60℃，保温时间 24h，第一次冻融循环结束。第二、三次冻融循环则不断重复②、③即可。

④ 将第一组试件和每次循环结束的试件放在 25℃ 的水槽中保温 2h 后取出，进行试验，试验加载速率 50mm/min。

试验过程图见图 5.2-46～图 5.2-51。

图 5.2-46　真空饱水试验过程

图 5.2-47　冰箱保温过程

图 5.2-48　冻融劈裂试验过程

图 5.2-49　冻融劈裂
试验完成后试件（1）

图 5.2-50　冻融劈裂
试验完成后试件（2）

图 5.2-51　冻融劈裂
后个别试件

具体计算公式如式（5-25）～式（5-27），结果见表 5.2-18、表 5.2-19。

$$R_{T1} = \frac{0.006287 P_{T1}}{h_1} \tag{5-25}$$

$$R_{T2} = \frac{0.006287 P_{T2}}{h_2} \tag{5-26}$$

式中　$R_{T1}$——第 1 组单个试件的劈裂抗拉强度（MPa）；

$P_{T1}$——第 1 组单个试件的荷载值（N）；

$h_1$——第 1 组每个试件的高度（mm）；

$R_{T2}$——第 2 组单个试件的劈裂抗拉强度（MPa）；

$P_{T2}$——第 2 组单个试件的荷载值（N）；

$h_2$——第 2 组每个试件的高度（mm）。

$$TSR = \frac{R_{T2}}{R_{T1}} \times 100 \tag{5-27}$$

式中　$TSR$——冻融劈裂强度比（%）；

$R_{T2}$——第 2 组试件劈裂抗拉强度的平均值（MPa）；

$R_{T1}$——第 1 组试件劈裂抗拉强度的平均值（MPa）。

劈裂强度（MPa）　　　　　　　　　　　　　　　　表 5.2-18

| 类型 | 循环次数(次) | | | |
| --- | --- | --- | --- | --- |
| | 0 | 1 | 2 | 3 |
| LSAM | 1.09 | 0.93 | 0.83 | 0.79 |
| SSAM | 1.17 | 1.05 | 0.93 | 0.89 |

| 类型 | 循环次数(次) | | | |
|---|---|---|---|---|
| | 0 | 1 | 2 | 3 |
| NSSAM | 1.31 | 1.22 | 1.05 | 1.02 |
| SSSAM | 1.21 | 1.12 | 1.04 | 1.01 |
| CSSAM | 1.26 | 1.17 | 1.09 | 1.03 |

劈裂强度比（%）　　　　　　　　　　　　　　表 5.2-19

| 类型 | 循环次数(次) | | |
|---|---|---|---|
| | 1 | 2 | 3 |
| LSAM | 95.32 | 76.15 | 72.48 |
| SSAM | 89.74 | 77.49 | 70.07 |
| NSSAM | 92.56 | 85.95 | 80.47 |
| SSSAM | 93.13 | 80.15 | 77.86 |
| CSSAM | 92.86 | 86.51 | 81.75 |

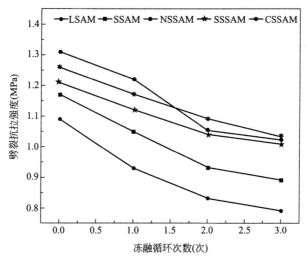

图 5.2-52　劈裂强度曲线

由图 5.2-52 可知，前两次冻融循环时，5 种沥青混合料的劈裂抗拉强度下降程度较大，尤其是 NSSAM 的劈裂抗拉强度，已经跌至 1.05MPa。但在第三次循环时，几种沥青混合料的下降速率均有所缓和。其中 LSAM 的劈裂强度值最低，改性钢渣沥青混合料和 SSAM 的劈裂抗拉强度远高于 LSAM。分析原因，一方面是因为钢渣本身强度高于石灰岩；另一方面，钢渣的粗糙表面和丰富的棱角，增强了集料间的嵌挤力和摩阻力，使集料更加密实。随着冻融循环次数的增加，劈裂抗拉强度衰减速率逐渐变慢，曲线趋于平缓，说明冻融循环前期对劈裂强度的影响较大。

第一次冻融循环之后，改性钢渣沥青混合料的劈裂强度为：NSSAM＞CSSAM＞SS-SAM，受 NSS 表面碱性改性保护层影响，此时 NSSAM 内部的 NSS 与沥青之间的粘结效果最佳，劈裂强度也最高，随着冻融循环次数不断增加，混合料的劈裂强度逐渐下降。第二次冻融循环过后，NSSAM 的劈裂强度低于 CSSAM，结合上一节 NSS 的 SEM 图像可知，可能与 NSSAM 中 NSS 表面的改性保护层较薄，经过冻融循环后和沥青之间的粘结力下降有关；不排除 NSS 表面由于改性层较薄，出现细微裂缝导致其吸水膨胀，从而性能下降的可能性。此外 SSAM 的劈裂抗拉强度始终低于改性钢渣沥青混合料，且多次循环之后，与改性钢渣沥青混合料的差距越来越大。这是因为改性钢渣表面附着了一层防水保护层，冻融初期，混合料的劈裂强度主要与沥青与集料之间的粘结力有关，冻融循环次数逐渐增加，水分对沥青和钢渣界面的侵蚀也逐渐增强，钢渣与沥青之间的粘结力不断减弱，钢渣开始吸水膨胀，导致 SSAM 的水稳定性变差；而改性钢渣表面的改性保护层起到了进一步阻水的作用，减缓了钢渣体积膨胀的速率，提高了水稳定性。

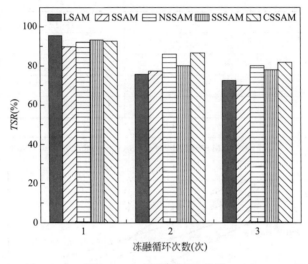

图 5.2-53　劈裂强度比曲线

图 5.2-53 可知，五种沥青混合料第 1 次冻融循环的劈裂强度比均满足《公路工程沥青及沥青混合料试验规程》JTG E20—2011 中大于 75％的要求，LSAM 的劈裂强度比最高，为 95.32％，NSSAM、SSSAM 和 CSSAM 的劈裂强度比相较 SSAM 分别提高了 2.82％、3.39％和 3.12％。分析原因，一方面是因为钢渣表面多孔，较多的孔隙会吸收更多的沥青，减少水分对沥青-钢渣界面的破坏程度；另一方面经改性溶液浸泡过后的钢渣表面会附着一层防水改性保护层，保护层具有很强的粘结性，可以有效提高钢渣与沥青之间的粘结作用，有效减少混合料的冻融损伤。如图 5.2-50，试验过程中，SSAM 经过三次冻融循环表面出现了鼓包现象，说明冻融循环加剧了钢渣的体积膨胀，造成 SSAM 的表面开裂，而改性钢渣沥青混合料由于改性保护层的存在，对改性钢渣起到了阻水的作用，当沥青膜从钢渣表面剥落后，保护层可以进一步保护钢渣，隔绝钢渣与水分的接触，达到增强钢渣体积稳定性，提高抗水损害性能的效果。

经过三次冻融循环，LSAM、SSAM、NSSAM、SSSAM 和 CSSAM 的劈裂强度比分别衰减了 22.84％、19.67％、12.09％、15.27％和 11.11％，其中 CSSAM 的劈裂强度比最高，LSAM 的劈裂强度比衰减最多。由此说明，CSSAM 具有更优的抗水损害性能。

（4）体积稳定性

混合料良好的体积稳定性可以减少钢渣沥青路面在使用过程中病害的发生，本文制备了 SSAM、NSSAM、SSSAM、CSSAM 试件，评价其体积稳定性。

根据《公路工程集料试验规程》JTG E42—2005 中的方法制备马歇尔试件，控制试验水温 60℃，浸水时间 120h，24h 测量一次试件体积，体积膨胀率按式（5-28）计算，结果见表 5.2-20。

$$C = \frac{V_2 - V_1}{V_1} \times 100 \qquad (5-28)$$

式中　$C$——体积膨胀率（%）；

$\quad\quad V_1$——浸水前的试件毛体积（cm³）；

$\quad\quad V_2$——浸水后的试件毛体积（cm³）。

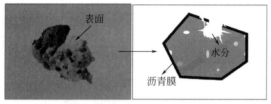
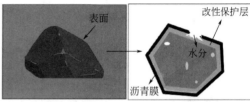

(a) 钢渣　　(b) 钢渣沥青表面浸水情况　　(c) 改性钢渣　　(d) 改性钢渣表面浸水情况

图 5.2-54　集料的水侵蚀过程

体积膨胀率（%）　　　　　　　　表 5.2-20

| 浸水时间(h) | SSAM | NSSAM | SSSAM | CSSAM |
|---|---|---|---|---|
| 0 | 0.00 | 0.00 | 0.00 | 0.00 |
| 24 | 0.63 | 0.56 | 0.49 | 0.45 |
| 48 | 1.01 | 0.92 | 0.82 | 0.79 |
| 72 | 1.23 | 1.18 | 1.07 | 1.01 |
| 96 | 1.52 | 1.35 | 1.23 | 1.14 |
| 120 | 1.97 | 1.42 | 1.31 | 1.20 |

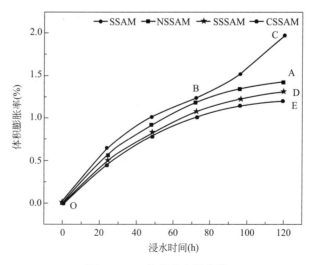

图 5.2-55　体积稳定性曲线

147

SSAM、NSSAM、SSSAM 和 CSSAM 浸水 72h 后的体积膨胀率均满足《公路工程集料试验规程》JTG E42—2005 要求。从图 5.2-55 中可以看出，SSAM 的体积膨胀率始终高于 NSSAM、SSSAM 和 CSSAM，其体积膨胀率曲线大致分为两个阶段，即 OB 段和 BC 段，在这两个阶段试件曲线呈现出先趋于平缓后急速上升的趋势，即体积膨胀的速率先减小后迅速增大。原因是在浸水初期，钢渣表面被沥青膜包裹，降低了其水化的可能性；但随着浸水时间的增长，钢渣与沥青之间的粘附性下降，导致图 5.2-54a、b 中钢渣表面的沥青膜不断脱落，增大了钢渣与水分的接触面积，从而加速了体积膨胀的速率。图中 OA、OD 和 OE 段曲线逐渐趋于平缓，说明改性钢渣沥青混合料的体积膨胀速率逐渐变小，是因为在浸水初期，改性钢渣沥青混合料的体积膨胀率主要受沥青膜厚度的影响，与 SSAM 的曲线走势相同，膨胀率差距较小；而浸水后期，改性钢渣沥青混合料和 SSAM 的体积膨胀率相差越来越大，在浸水 120h 后 NSSAM、SSSAM 和 CSSAM 的体积膨胀率比 SSAM 的体积膨胀率分别降低了 27.92％、33.5％和 39.09％，说明在沥青膜脱落后，图 5.2-54c、d 中改性钢渣表面的改性保护层起到了进一步阻水的作用，减缓钢渣体积膨胀的速率，提高了体积稳定性。

此外，三种改性钢渣沥青混合料的体积膨胀率曲线走势相同，随着浸水时间的推移，曲线逐渐趋于平缓，且 NSSAM 的体积膨胀率最高，CSSAM 的体积膨胀率最低，由此说明，CSSAM 的体积稳定性能最好。

6. 小结

本节主要设计了五种沥青混合料的配合比，测试了改性钢渣沥青混合料的路用性能影响规律，得出以下结论：

1）使用 4.75～19mm 的钢渣/改性钢渣集料替代相应粒径的石灰岩集料制备混合料，由于钢渣/改性钢渣与石灰岩密度之间的差异，使用等体积换算公式来计算得出钢渣/改性钢渣集料的实际掺入比例。

2）确定了 LSAM、SSAM、NSSAM、SSSAM 和 CSSAM 的最佳油石比，分别是 4.6％、4.7％、4.6％、4.4％和 4.3％，与 SSAM 相比，钢渣改性之后再加入到沥青混合料中降低了对沥青的消耗。

3）在进行高温稳定性能测试时发现，对比 LSAM，SSAM、NSSAM、SSSAM、CSSAM 的稳定度和动稳定度分别提高了 32.02％和 22.67％、39.97％和 33.77％、32.82％和 70.49％、68.38％和 87.38％，是因为钢渣自身强度较高，且改性之后钢渣的物理力学性能得到一定的提升，进而提高了稳定度和动稳定度。

4）低温抗裂试验表明，改性钢渣替代石灰岩掺入沥青混合料中，劈裂强度得到不同程度的提升，但效果并不明显。受改性钢渣抗压碎能力强的特点影响，改性钢渣沥青混合料的断裂界面更多的是油石界面的断裂。

5）水稳定性试验表明，浸水 120h 后，五种沥青混合料的残留稳定度分别降低了 13.43％、24.07％、17.2％、17.1％和 12.34％；三种改性钢渣沥青混合料的劈裂强度均高于 SSAM，且多次循环之后，与 SSAM 的差距越来越大，说明对钢渣进行改性处理可以提高 SSAM 的抗水损害性能，这与改性钢渣表面形成的改性保护层有关，改性保护层越致密，其防水效果越好，越能抑制钢渣的体积膨胀，使混合料的整体性得到增强。

　　6）体积稳定性试验表明，在浸水膨胀过程中，SSAM 的体积膨胀率始终高于 NSSAM、SSSAM 和 CSSAM，改性钢渣沥青混合料的体积膨胀率随着浸水时间的增长逐渐趋于稳定，但 SSAM 的体积膨胀率却持续增加。浸水 120h 后，NSSAM、SSSAM 和 CSSAM 的体积膨胀率比 SSAM 的体积膨胀率分别降低了 27.92％、33.5％和 39.09％，体积稳定性良好。

# 第6章 工程应用

本书工程实例依托国道 G107 邯邢界至北张庄改建项目进行试验段铺筑。国道 G107 邯邢界至北张庄段改建工程起点位于邯邢交界处，与沙河预留道路相接，与东环南延交叉后偏离旧路新建，上跨溢阳河，至现有国道 G107 结束，项目里程全长 54.27km，项目采用一级公路标准，设计速度 80km/h，路基宽度 33m/25.5m，全线主线和匝道采用沥青混凝土路面。

## 6.1 煤矸石填筑路基

——国道 G107 邯邢界至北张庄改建工程 K27＋185—K27＋360 全幅试验路

1. 试验段简介

根据《公路路基施工技术规范》JTG/T 3610—2019 对煤矸石路基填筑进行试验段铺筑，试验段起讫桩号为 K27＋185—K27＋360，总长为 175m，为煤矸石路基填筑技术推广应用提供参考依据。

2. 施工工艺

当前，很多学者已对煤矸石的施工工艺进行了研究，分析了煤矸石在冲击压实以及普通压实后冲压补强等施工工艺对煤矸石路基沉降和稳定性的研究，本节主要对煤矸石路基进行常规压实的施工工艺（图 6.1-1）。

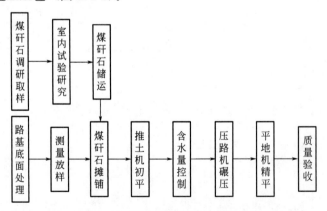

图 6.1-1 煤矸石路基施工工艺流程

首先确定煤矸石路基的施工段后，对路基底面进行清理，采用压路机对路基底面进行初步压实，然后进行横断面高程测量，确定煤矸石路基的施工范围。

根据前期室内试验，选择最佳的煤矸石料场进行储运，煤矸石路基填筑时分 2 层铺筑，每层厚度为 25cm，采用"卸下推上"的摊铺方法，并且在碾压前对大于 150mm 的煤矸石应进行破碎或者筛除，碾压时采用"先静后动，先轻后重，先慢后快，先边后中"的原则，碾压完成后对路基高程进行测量，确保达到要求后再进行上一层的铺筑，碾压完成后进行施工质量验收，现场施工如图 6.1-2 所示。

图 6.1-2 煤矸石路基填筑现场施工

### 3. 施工质量检测与验收

煤矸石路基验收检测项目及验收标准满足表 6.1-1 要求，铺筑前后断面高程如表 6.1-2 所示。

**施工质量标准竣工验收技术要求** 表 6.1-1

| 序号 | 项目 | 规定值或允许误差 | 检测频率 | | 检验方法 |
|---|---|---|---|---|---|
| | | | 范围(m) | 点数 | |
| 1 | 纵断高程(mm) | +10，−15 | 直线每 50 | 5 个断面 | 水准仪 |
| 2 | 中线偏位(mm) | 50 | 直线每 100 | 4 点 | 经纬仪 |
| | | | 弯道加 HY/YB 两点 | | |
| 3 | 宽度(mm) | 不小于设计值 | 每 100 | 4 处 | 米尺 |
| 4 | 平整度(mm) | 20 | 每 200 | 2 个断面，每断面 10 尺 | 3m 直尺 |
| 5 | 横坡(%) | −0.3～+0.3 | 每 100 | 4 个断面 | 水准仪 |
| 6 | 边坡 | 不陡于设计值 | 每 200 | 4 处 | |
| 7 | 弯沉(0.01mm) | 不大于设计值 | 每 100 | 5 处，每断面 3 点 | 贝克曼梁 |
| 8 | 压实度 | 符合施工要求 | 每 100 | 每压实层 3 处 | 施工记录 |

**K27＋185—K27＋360 试验段高程测量（m）** 表 6.1-2

| 断面位置 | 碾压方式 | 左 19.5m | 左 9.75m | 中 | 右 9.75m | 右 19.5m |
|---|---|---|---|---|---|---|
| K27＋200 | 填前高程 | 48.768 | 48.962 | 49.158 | 48.962 | 48.765 |
| | 静 1 振 2 | 49.481 | 49.688 | 49.881 | 49.683 | 49.523 |
| | 静 1 振 4 | 49.273 | 49.469 | 49.665 | 49.468 | 49.275 |
| | 静 1 振 4 静 1 | 49.276 | 49.461 | 49.652 | 49.463 | 49.263 |
| | 压实厚度 | 0.508 | 0.499 | 0.494 | 0.502 | 0.498 |
| K27＋220 | 填前高程 | 48.780 | 48.957 | 49.131 | 48.953 | 48.771 |
| | 静 1 振 2 | 49.524 | 49.687 | 49.858 | 49.671 | 49.524 |
| | 静 1 振 4 | 49.284 | 49.463 | 49.632 | 49.459 | 49.278 |
| | 静 1 振 4 静 1 | 49.281 | 49.453 | 49.628 | 49.455 | 49.272 |
| | 压实厚度 | 0.501 | 0.496 | 0.497 | 0.502 | 0.501 |

| 断面位置 | 碾压方式 | 左 19.5m | 左 9.75m | 中 | 右 9.75m | 右 19.5m |
|---|---|---|---|---|---|---|
| K27+240 | 填前高程 | 48.811 | 48.975 | 49.144 | 49.962 | 48.774 |
| | 静 1 振 2 | 49.531 | 49.702 | 49.868 | 50.682 | 49.497 |
| | 静 1 振 4 | 49.329 | 49.482 | 49.649 | 50.469 | 49.278 |
| | 静 1 振 4 静 1 | 49.311 | 49.471 | 49.641 | 50.459 | 49.2748 |
| | 压实厚度 | 0.500 | 0.496 | 0.497 | 0.497 | 0.501 |
| K27+260 | 填前高程 | 48.842 | 49.01 | 49.174 | 48.990 | 48.809 |
| | 静 1 振 2 | 49.566 | 49.736 | 49.905 | 49.734 | 49.561 |
| | 静 1 振 4 | 49.346 | 49.515 | 49.680 | 49.494 | 49.317 |
| | 静 1 振 4 静 1 | 49.341 | 49.511 | 49.678 | 49.49 | 49.312 |
| | 压实厚度 | 0.499 | 0.501 | 0.505 | 0.500 | 0.503 |
| K27+280 | 填前高程 | 48.873 | 49.075 | 49.283 | 49.077 | 48.874 |
| | 静 1 振 2 | 49.596 | 49.799 | 50.013 | 49.821 | 49.605 |
| | 静 1 振 4 | 49.381 | 49.579 | 49.789 | 49.581 | 49.377 |
| | 静 1 振 4 静 1 | 49.374 | 49.571 | 49.783 | 49.577 | 49.371 |
| | 压实厚度 | 0.501 | 0.496 | 0.500 | 0.500 | 0.497 |
| K27+300 | 填前高程 | 48.948 | 49.13 | 49.309 | 49.126 | 48.939 |
| | 静 1 振 2 | 49.681 | 49.857 | 50.029 | 49.841 | 49.664 |
| | 静 1 振 4 | 49.454 | 49.638 | 49.816 | 49.632 | 49.446 |
| | 静 1 振 4 静 1 | 49.447 | 49.631 | 49.809 | 49.628 | 49.439 |
| | 压实厚度 | 0.499 | 0.501 | 0.500 | 0.502 | 0.500 |
| K27+320 | 填前高程 | 49.023 | 49.207 | 49.390 | 49.197 | 49.004 |
| | 静 1 振 2 | 49.754 | 49.938 | 50.102 | 49.917 | 49.748 |
| | 静 1 振 4 | 49.528 | 49.721 | 49.901 | 49.712 | 49.508 |
| | 静 1 振 4 静 1 | 49.521 | 49.701 | 49.875 | 49.698 | 49.502 |
| | 压实厚度 | 0.498 | 0.494 | 0.485 | 0.501 | 0.498 |

### 4. 经济效益分析

根据试验段铺筑情况，以实际工程消耗的工程方量进行经济效益分析，试验段总长 175m，填筑厚度为 50cm，按照土方量进行计算共需土方约为 5400m³，为简化计算，由于煤矸石摊铺与土方摊铺的松铺系数相差不大，因此忽略计算。

1）素土填筑路基成本

根据项目施工报价，素土单价为 24 元/m³，运费为 4 元/m³：

$$(24+4) \times 5400 = 15.12 \text{ 万元}$$

2）山皮石回填路基成本

根据项目施工报价，山皮石单价为 66.5 元/m³，则 5400m³ 需要成本为：

$$66.5 \times 5400 = 35.91 \text{ 万元}$$

3）煤矸石路基填筑成本

由于煤矸石属于工业固废，属于政府支持性示范工程，因此不计购置费用，主要为运输费用，运费为 24 元/m³，则试验段铺筑使用煤矸石所需成本为：

$$24 \times 5400 = 12.96 \text{ 万元}$$

4）节约土方开挖增加的收益

项目沿线大部分为农田保护区，采用素土回填时较为困难，采用煤矸石填筑可以节约大量土方资源，本项目推广应用所需煤矸石总方量为 20 万 m³，节约土地资源按照每亩年收益为 1000 元计算，开挖深度为 4.5m，可增加的土地收益为：

$$\frac{200000 \text{m}^3}{667 \text{m}^2 / \text{亩} \times 4.5 \text{m}} \times 1000 \text{ 元} / (\text{亩} \cdot \text{年}) = 6.66 \text{ 万元} / \text{年}$$

5）节约煤矸石堆放需要的维护费用

为减轻煤矸石堆放对周边环境带来的次生影响，管理单位需要对煤矸石山进行保护，进行封层、绿化、覆盖等维护作业，每年用于煤矸石的维护费用约为 0.1 元/m³，以此计算可节约维护费用为：

$$0.1 \text{ 元} / (\text{m}^3 \cdot \text{年}) \times 200000 \text{m}^3 = 2 \text{ 万元} / \text{年}$$

综上，本项目推广应用所需煤矸石总量为 20 万 m³，因此使用煤矸石直接经济效益为：

替代素土：$(15.12 - 12.96) \times \dfrac{200000}{5400} = 80 \text{ 万元}$

替代山皮石：$(35.91 - 12.96) \times \dfrac{200000}{5400} = 850 \text{ 万元}$

使用煤矸石填筑路基的间接经济效益为：6.66 + 2 = 8.66 万元/年

综上分析可知，煤矸石替代素土作为路基填料每 20 万 m³ 可节约成本 80 万元，煤矸石替代山皮石作为路基填料每 20 万 m³ 可节约成本 850 万元，可带来的间接经济效益为 8.66 万元/年。

# 6.2　煤矸石（底）基层

——国道 G107 邯郸界至北张庄改建工程 K25+700—K25+800 右幅试验路与 K26+550—K26+650 右幅试验路

### 1. 试验段简介

经过大量的室内试验表明，当采用 0～10mm、10～20mm、20～30mm 煤矸石替代碎石再以 6% 的水泥掺量制备的煤矸石底基层混合料能满足重交通荷载等级条件下高速公路和一级公路底基层强度要求；采用 5～10mm 煤矸石代替同等粒径的碎石，再以 5% 水泥剂量对碎石-煤矸石进行稳定，所制备的混合料强度可满足一级公路基层的强度要求。为进一步探讨水泥稳定煤矸石底基层、水泥稳定碎石-煤矸石基层在实际工程中路用性能优劣、提出合理施工工艺，为后续大规模实际工程使用提供参考，在国道 G107 邯郸界至北张庄改建工程 K25+700—K25+800 右幅、K26+550—K26+650 右幅分别铺筑试验路。

### 2. 施工工艺

基层施工工艺如图 6.2-1 所示。施工工艺主要流程如图 6.2-2 所示。

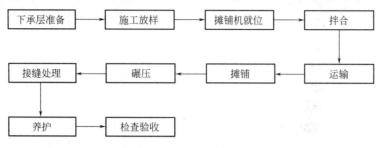

图 6.2-1  基层施工工艺

(a) 拌合、运输　　　　　　　　　　　　　　(b) 摊铺

(c) 碾压　　　　　　　　　　　　　　　　(d) 养护

图 6.2-2  施工工艺主要流程

### 3. 施工质量检测与验收

（1）5％水泥稳定碎石-煤矸石基层

现场取料分三组进行乙二胺四乙酸二钠（EDTA）滴定检验水泥剂量；室内成型试件测试 7d 无侧限抗压强度，验证是否满足规范要求；压实度关系着基层的强度、刚度、平整度，是基层质量检测的重要标准之一，采用灌砂法来检测压实度；洒水养护 7d 后对试验路进行钻芯，观察芯样厚度及其外观。施工质量检测如图 6.2-3 所示。试验结果如表 6.2-1～表 6.2-4 所示。通过检测可以看出，灰剂量、压实度、无侧限抗压强度均能满足指标要求，通过钻芯，侧面观测可以看到芯样符合骨架密实型特征，芯样底部无烂根剥落现象。

(a) 灰剂量检测

(b) 无侧限抗压强度试验

(c) 灌砂法检测压实度

(d) 现场钻芯

图 6.2-3　施工质量检测

**现场取样水泥剂量检验结果**　　　　　　　　　　　　　表 6.2-1

| 编号 | 实测水泥剂量(%) | 平均值(%) | 设定值(%) |
|---|---|---|---|
| 1 | 5.25 | | |
| 2 | 5.08 | 5.08 | 5.0 |
| 3 | 4.91 | | |

**7d 无侧限抗压强度检测结果**　　　　　　　　　　　　表 6.2-2

| 编号 | 实测强度(MPa) | 规范值(MPa) | 室内强度代表值(MPa) |
|---|---|---|---|
| 1 | 4.6 | | |
| 2 | 4.8 | 4.0~6.0 | 4.8 |
| 3 | 4.3 | | |

**压实度**　　　　　　　　　　　　　　　　　　　　　表 6.2-3

| 编号 | 1 | 2 | 3 |
|---|---|---|---|
| 现场实测干密度(g/cm³) | 2.191 | 2.202 | 2.211 |
| 标准击实测得最大干密度(g/cm³) | 2.220 | 2.220 | 2.220 |
| 压实度(%) | 98.7 | 99.2 | 99.6 |

芯样外观                                                         表 6.2-4

| 编号 | 厚度(cm) | 外观 |
|------|---------|------|
| 1 | 20 | 整体完整、底部无剥落 |
| 2 | 20 | 整体较为完整、底部基本无剥落 |
| 3 | 19.9 | 整体完整、底部无剥落 |

（2）6%水泥稳定煤矸石底基层

水泥稳定煤矸石底基层水泥剂量、7d 无侧限抗压强度、压实度试验结果如表 6.2-5～表 6.2-7 所示。

现场取样水泥剂量检验结果                                          表 6.2-5

| 编号 | 实测水泥剂量(%) | 平均值(%) | 设定值(%) |
|------|---------------|----------|----------|
| 1 | 6.13 | | |
| 2 | 6.2 | 6.09 | 6.0 |
| 3 | 5.94 | | |

7d 无侧限抗压强度检测结果                                          表 6.2-6

| 编号 | 实测强度(MPa) | 规范值(MPa) | 室内强度代表值(MPa) |
|------|-------------|------------|-------------------|
| 1 | 2.8 | | |
| 2 | 2.9 | 2.5～4.5 | 2.8 |
| 3 | 2.7 | | |

压实度                                                           表 6.2-7

| 编号 | 1 | 2 | 3 |
|------|------|------|------|
| 现场实测干密度($g/cm^3$) | 2.197 | 2.157 | 2.18 |
| 标准击实测得最大干密度($g/cm^3$) | 2.206 | 2.206 | 2.206 |
| 压实度(%) | 99.6 | 97.8 | 98.8 |

### 4. 经济效益分析

煤矸石的使用不仅有效缓解了天然筑路材料不足的问题而且还有效缓解了空气污染压力，避免占用大量土地，产生了巨大的经济效益。本节结合邯郸当地碎石、煤矸石价格计算每公里材料单价，并与普通水稳碎石进行对比。

1）6%水泥稳定煤矸石底基层

1m³ 材料的标准质量　$m_0 = 1 \times 2.206 \times 1000 \times (1+6.22\%) \times 96\% = 2249.5$kg

干混合料质量　$m_1 = 2249.5/(1+6.22\%) = 2117.8$kg

内掺水泥质量　$m_2 = 2117.8$kg$\times 6\% = 127.1$kg

干集料质量　$m_3 = m_1 - m_2 = 2117.8 - 127.1 = 1990.7$kg

用水量　$m_w = 2117.8 \times 6.22\% = 131.7$kg

0～10mm 规格煤矸石用量　$1990.7 \times 0.42 = 836.1$kg

10～20mm 规格煤矸石用量　$1990.7 \times 0.38 = 756.5$kg

20～30mm 规格煤矸石用量　1990.7×0.20＝398.1kg

2）5％水泥稳定碎石-煤矸石基层

1m³ 材料的标准质量　$m_0$＝1×2.22×1000×（1+5.8％）×98％＝2302kg

干混合料质量　$m_1$＝2302/（1+5.8％）＝2175.8kg

内掺水泥质量　$m_2$＝2175.8kg×5％＝108.8kg

干集料质量　$m_3$＝$m_1$－$m_2$＝2175.8－108.8＝2067kg

用水量　$m_w$＝2175.8×5.8％＝126.2kg

0～5mm 规格碎石用量　2067×26％＝537.4kg

5～10mm 规格煤矸石用量　2067×24％＝496.1kg

10～20mm 规格碎石用量　2067×31％＝640.8kg

10～30mm 规格碎石用量　2067×19％＝392.7kg

3）4％水泥稳定碎石底基层

原设计采用 4％水泥稳定碎石基层，最大干密度为 2.316g/cm³，最佳含水量为 5.2％，0～5mm：5～10mm：10～20mm：10～30mm＝30％：22％：28％：20％。

1m³ 材料的标准质量　$m_0$＝1×2.316×1000×（1+5.2％）×96％＝2339kg

干混合料质量　$m_1$＝2339/（1+5.2％）＝2223.4kg

内掺水泥质量　$m_2$＝2223.4kg×4％＝88.9kg

干集料质量　$m_3$＝$m_1$－$m_2$＝2223.4－88.9＝2134.5kg

用水量　$m_w$＝2223.4×5.2％＝115.6kg

0～5mm 规格碎石用量　2134.5×30％＝640.4kg

5～10mm 规格碎石用量　2134.5×22％＝469.6kg

10～20mm 规格碎石用量　2134.5×28％＝597.7kg

10～30mm 规格碎石用量　2134.5×20％＝426.9kg

4）4.5％水泥稳定碎石基层

原设计采用 4.5％水泥稳定碎石基层，最大干密度为 2.327g/cm³，最佳含水量为 5.33％，0～5mm：5～10mm：10～20mm：10～30mm＝27％：20％：30％：23％。

1m³ 材料的标准质量　$m_0$＝1×2.327×1000×（1+5.33％）×98％＝2402kg

干混合料质量　$m_1$＝2402/（1+5.33％）＝2280.5kg

内掺水泥质量　$m_2$＝2280.5kg×4.5％＝102.6kg

干集料质量　$m_3$＝$m_1$－$m_2$＝2280.5－102.6＝2177.9kg

用水量 $m_w$＝2280.5×5.33％＝121.6kg

0～5mm 规格碎石用量　2177.9×27％＝588kg

5～10mm 规格碎石用量　2177.9×20％＝435.6kg

10～20mm 规格碎石用量　2177.9×30％＝653.4kg

10～30mm 规格碎石用量　2177.9×23％＝500.9kg

水泥稳定煤矸石底基层、水泥稳定碎石-煤矸石基层、水泥稳定碎石底基层、水泥稳定碎石基层四种水稳类型，单方材料造价和每公里材料造价计算如表 6.2-8～表 6.2-11 所示。采用水泥稳定碎石-煤矸石基层，每公里可节省材料造价 13.44 万元。采用水泥稳定煤矸石底基层，每公里可节省材料造价 44.61 万元，可知煤矸石的使用可产生巨大的经济效益。

水泥稳定煤矸石底基层 表 6.2-8

| 项目 | 数量(kg) | 单价(元/t) | 单方材料造价(元) | 每公里材料造价(万元) |
|---|---|---|---|---|
| 水泥 | 127.1 | 350 | 44.49 | |
| 0～10mm 煤矸石 | 836.1 | 25 | 20.90 | 62.21 |
| 10～20mm 煤矸石 | 756.5 | 25 | 18.91 | |
| 20～30mm 煤矸石 | 411.4 | 25 | 9.95 | |

水泥稳定碎石-煤矸石基层 表 6.2-9

| 项目 | 数量(kg) | 单价(元/t) | 单方材料造价(元) | 每公里材料造价(万元) |
|---|---|---|---|---|
| 水泥 | 108.8 | 350 | 38.08 | |
| 0～5mm 碎石 | 537.4 | 49 | 26.33 | |
| 5～10mm 煤矸石 | 496.1 | 25 | 12.40 | 99.71 |
| 10～20mm 碎石 | 640.8 | 73 | 46.78 | |
| 10～30mm 碎石 | 392.7 | 70 | 27.49 | |

水泥稳定碎石底基层 表 6.2-10

| 项目 | 数量(kg) | 单价(元/t) | 单方材料造价(元) | 每公里材料造价(万元) |
|---|---|---|---|---|
| 水泥 | 88.9 | 350 | 31.12 | |
| 0～5mm 碎石 | 640.4 | 49 | 31.38 | |
| 5～10mm 碎石 | 469.6 | 55 | 25.83 | 106.81 |
| 10～20mm 碎石 | 597.7 | 73 | 43.63 | |
| 10～30mm 碎石 | 426.9 | 70 | 29.88 | |

水泥稳定碎石基层 表 6.2-11

| 项目 | 数量(kg) | 单价(元/t) | 单方材料造价(元) | 每公里材料造价(万元) |
|---|---|---|---|---|
| 水泥 | 102.6 | 350 | 35.91 | |
| 0～5mm 碎石 | 588 | 49 | 28.81 | |
| 5～10mm 碎石 | 435.6 | 55 | 23.96 | 113.15 |
| 10～20mm 碎石 | 653.4 | 73 | 47.70 | |
| 10～30mm 碎石 | 500.9 | 70 | 35.06 | |

# 6.3 电石渣稳定土处治路床

——国道 G107 邯郸界至北张庄改建工程 K32＋450—K33＋000 全幅试验路

## 1. 试验段简介

根据《公路路基施工技术规范》JTG/T 3610—2019 对电石渣稳定土用于路床处治进行试验段铺筑，试验段起讫桩号为 K32＋450—K33＋000，总长 550m，为电石渣稳定土填筑技术推广应用提供参考依据。

## 2. 施工工艺

以下简要对施工过程进行介绍，施工工艺流程图如图 6.3-1 所示。

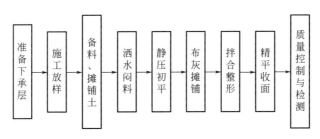

准备下承层 → 施工放样 → 备料、摊铺土 → 洒水闷料 → 静压初平 → 布灰摊铺 → 拌合整形 → 精平收面 → 质量控制与检测

图 6.3-1 电石渣稳定土施工工艺流程图

对路床底下承层进行验收，采用水准仪器确定路堤高程，为保证路基施工压实度标准，在路基宽度外放宽 50cm 进行压实。

按照网格进行填土和电石渣的布置，计算每平方米内需要的土方以及电石渣方量进行布置，然后用推土机进行土方摊铺，用平地机电石渣摊铺；在拌合前用洒水车按室内试验确定的最佳含水量洒水闷料，用路拌机进行现场拌合，拌合完成后 16t 压路机进行静压初平，初平完成后用平地机进行二次整形，二次整形完成后进行碾压精平，采用 26t 压路机振压 3 遍 + 静压 1 遍，碾压完成后对路床进行高程测量，进行高程控制和边坡控制。

根据《公路路基路面现场测试规程》JTG 3450—2019 对试验段进行现场施工质量检测，现场施工如图 6.3-2 所示。

图 6.3-2 电石渣稳定土试验段铺筑

## 3. 施工质量检测与验收

施工完成后，对试验段进行现场质量检测，依据《公路路基路面现场测试规程》JTG 3450—2019 进行质量验收，利用灰剂量滴定曲线确定现场拌合稳定材料灰剂量是否满足目标要求，验收检测项目主要包括外观检测、弯沉值以及压实度等。现场测试结果如

表 6.3-1 所示，现场施工质量验收如图 6.3-3 所示。

电石渣稳定土试验段现场质量验收　　　　　　　　　表 6.3-1

| 检查项目 | 灰剂量(%) | 压实度(%) | 弯沉值(0.01mm) | 厚度(cm/层) |
|---|---|---|---|---|
| 规范值 | >8 | ≥96 | <291.1 | ≥15 |
| 实测值 | 8.2 | 96.4 | 69.4 | 15.2 |

图 6.3-3　电石渣稳定土路床现场质量验收

### 4. 经济效益分析

根据当前对建筑材料的利用现状，石灰已经逐渐被其他可利用资源所替代，本文依托 G107 项目对电石渣稳定土进行试验段铺筑，用工业固废电石渣来替代石灰或者水泥材料用于公路工程，本节对电石渣用于路床处治的经济效益进行分析，主要包括以下几点：

1）电石渣属于工业固废，属于次生产物，没有生产成本，对于电石渣只需对其运输费用进行考量；

2）根据室内试验分析确定电石渣稳定土的路用性能极其优异，是一种替代石灰的理想材料，可以减少对石灰及水泥资源的需求；

3）可以减少电石渣存放过程中的维护费用及减少堆放地区对土地资源的污染，缓解材料短缺与环境污染之间的矛盾。

综上所述，对电石渣稳定土的造价与原设计中的水泥改良土和石灰改良土进行对比分析，结果如表 6.3-2 所示。

电石渣稳定土试验段造价对比　　　　　　　　　表 6.3-2

| 材料 | 原材单价<br>（元/t） | 混合料单价<br>（元/m³） | 混合料总价<br>（万元） | 电石渣造价对比<br>（万元） |
|---|---|---|---|---|
| 石灰稳定土 | 181 | 33.7 | 21.90 | −2.79 |
| 水泥稳定土 | 283 | 40.6 | 26.39 | −7.28 |
| 电石渣稳定土 | 105 | 29.4 | 19.11 | +0 |

综上所述，电石渣稳定土混合料单价为 29.4 元/m³，与石灰稳定土相比，CS 单价低 14.6% 左右，与水泥稳定土相比，CS 单价低 38.1% 左右，试验段中采用电石渣稳定土相比于石灰稳定土可节约成本 2.79 万元，比水泥稳定土可节约 7.28 万元，以此计算采用电

石渣稳定土替代水泥稳定土用于路床处治每公里可节省造价13.24万元，替代石灰稳定土可节省造价5.07万元。经济效益显著，可以大大减少工程的建设成本，减少土资源的过度消耗，实现资源利用的可持续发展。

## 6.4 钢渣沥青路面

——国道G107邯郸界至北张庄改建工程K30+380—K30+450右幅试验路

### 1. 试验段简介

采用邯郸钢铁集团有限责任公司生产的4.75～19mm钢渣，等体积替换全部的4.75～19mm石灰岩，制备出的钢渣沥青混合料，用于试验段上面层，根据《公路沥青路面施工技术规范》JTG F40—2004，在国道G107邯郸界至北张庄改建工程K30+380—K30+450右幅铺筑试验路，总长为70m，为后续大规模实际工程使用提供参考。

### 2. 施工工艺

以下简要对施工过程进行介绍，施工工艺流程图如图6.4-1所示，现场施工如图6.4-2所示。

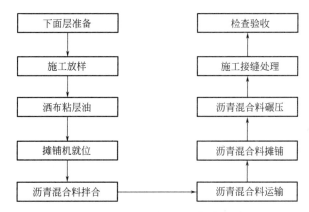

图6.4-1 上面层施工工艺流程图

图6.4-2 上面层施工现场图

### 3. 施工质量检测与验收

钢渣沥青混合料面层质量检验满足表6.4-1所列实测项目要求。

**沥青混合料面层实测项目** 表 6.4-1

| 项次 | 检查项目 | | 规定值或允许偏差 | | 检查方法和频率 |
|---|---|---|---|---|---|
| | | | 高速公路<br>一级公路 | 其他公路 | |
| 1 | 压实度(%) | | ≥试验室标准密度的96%(×98%)<br>≥最大理论密度的92%(×94%)<br>≥试验段密度的98%(×99%) | | 按《公路工程质量检验评定标准 第一册 土建工程》JTG F80/1 2017附录B检查,每200m测1点。核子(无核)密度仪每200m测1处,每处5点 |
| 2 | 平整度 | σ(mm) | ≤1.2 | ≤2.5 | 平整度仪:全线每车道连续检测,按每100m计算IRI或σ |
| | | IRI(m/km) | ≤2.0 | ≤4.2 | |
| | | 最大间隙h(mm) | — | ≤5 | 3m直尺:每200m测2处×5尺 |
| 3 | 弯沉值(0.01mm) | | 不大于设计验收弯沉值 | | 按《公路工程质量检验评定标准 第一册 土建工程》JTG F80/1 2017附录J检查 |
| 4 | 渗水系数<br>(mL/min) | SMA路面 | ≤120 | — | 渗水试验仪:每200m测1处 |
| | | 其他沥青混凝土路面 | ≤200 | | |
| 5 | 摩擦系数 | | 满足设计要求 | — | 摆式仪:每200m测1处<br>横向力系数测定车:全线连续检测,按《公路工程质量检验评定标准 第一册 土建工程》JTG F80/1 2017附录L评定 |
| 6 | 构造深度 | | 满足设计要求 | — | 铺砂法:每200m测1处 |
| 7 | 厚度(mm) | 代表值 | 总厚度:-5%H<br>上面层:-10%h | -8%H | 按《公路工程质量检验评定标准 第一册 土建工程》JTG F80/1 2017附录H检查,每200m测1点 |
| | | 合格值 | 总厚度:-10%H<br>上面层:-20%h | -15%H | |
| 8 | 中线平面偏位(mm) | | 20 | 30 | 全站仪:每200m测2点 |
| 9 | 纵断高程(mm) | | ±15 | ±20 | 水准仪:每200m测2断面 |
| 10 | 宽度(mm) | 有侧石 | ±20 | ±30 | 尺量:每200m测4断面 |
| | | 无侧石 | 不小于设计值 | | |
| 11 | 横坡(%) | | ±0.3 | ±0.5 | 水准仪:每200m测2断面 |
| 12 | 矿料级配 | | 满足生产配合比要求 | | T 0725,每台班1次 |
| 13 | 沥青含量 | | 满足生产配合比要求 | | T 0725、T0721、T0735,每台班1次 |
| 14 | 马歇尔稳定度 | | 满足生产配合比要求 | | T 0709,每台班1次 |

注:① 表内压实度,高速公路、一级公路应选用2个标准评定,以合格率低的作为评定结果;其他公路选用1个标准进行评定。带 * 号者是指SMA路面。
② 表列沥青层厚度仅规定负允许偏差。H 为沥青层总厚度,h 为沥青上面层厚度;其他公路的厚度代表值和合格值允许偏差按总厚度计,当 H≤60mm 时,允许偏差分别为-5mm和-10mm;当 H>60mm 时,允许偏差分别为-8%H 和-15%H。

## 4. 经济效益分析

对于公路工程的评价不仅要满足社会效益的要求,更要满足经济效益。对于工程项目的经济效益分析主要包括建设材料成本，施工工程费用以及后期的运营养护费用等。本节以钢渣、改性钢渣替代石灰岩进行公路工程建设分析，根据市场调查得出表 6.4-2 所示的材料成本价格表。

邯郸地区建筑材料近期价格　　　　　　　　　　　　　　　表 6.4-2

| 材料 | 单位 | 价格 |
|---|---|---|
| 石灰岩 | 元/t | 100 |
| 钢渣 | 元/t | 10 |
| 70 号沥青 | 元/t | 2 970 |
| 甲基硅酸钠溶液 | 元/kg | 4.3 |
| 二氧化硅胶体溶液 | 元/kg | 2.6 |
| 聚丙烯酸酯乳液 | 元/kg | 1.5 |

从表 6.4-2 可以看出，钢渣的价格比石灰岩的价格每吨低 90 元，使用钢渣作为建筑工程材料更加便宜。但在第 6 章的研究中发现，钢渣多孔的特点会增加沥青的用量，制备相同的试件时，两者的油石比相差 0.1%，因此在实际工程中，需要结合沥青的用量来进行分析。沥青混合料价格见表 6.4-3。

沥青混合料相对价格比较　　　　　　　　　　　　　　表 6.4-3

| 混合料类型 | 集料价格<br>（元/100m³） | 沥青价格<br>（元/100m³） | 改性剂价格<br>（元/100m³） | 合计<br>（元/100m³） |
|---|---|---|---|---|
| LSAM | 25 501.4 | 35 330.8 | — | 60 832.2 |
| SSAM | 11 556.2 | 35 997.5 | — | 47 553.7 |
| NSSAM | 11 567.1 | 35 265.2 | 2 321.1 | 49 153.4 |
| SSSAM | 11 588.9 | 32 796.5 | 1 369.2 | 45 754.6 |
| CSSAM | 10 600.4 | 32 060.1 | 1 876.5 | 44 537.0 |

注：由于前面的研究中钢渣是替代 4.75～19mm 粒径的石灰岩集料，因此折合成比例为，SSAM、NSSAM、SS-SAM、CSSAM 中钢渣掺量占比 61.32%；此外，改性剂的使用价格为改性相应吨数的钢渣所对应的改性剂用量价格。

观察表 6.4-3，在使用 SSAM 进行公路铺筑时，材料成本明显低于 LSAM，主要是因为油石比差异而产生的这部分费用。考虑到改性钢渣沥青混合料虽然增加了改性材料的费用，但 NSSAM、SSSAM 和 CSSAM 的油石比分别较 SSAM 降低了 0.1%、0.3% 和 0.4%。结合材料的采购费用分析，使用三种改性钢渣沥青混合料进行公路工程铺筑，相比 NSSAM，SSSAM 和 CSSAM 的价格比较优惠，虽然 NSSAM 的成本高于 SSAM，但与 LSAM 相比还是有很大的优势，也是得益于沥青用量的减少。再根据第 5 章的性能试验结果，五种沥青混合料中，改性钢渣沥青混合料的性能表现最为突出，因此可以预见改性钢渣沥青混合料的工程运营和后期维护费用将会大大低于 LSAM。使用低成本的材料，建造性能更加优良的工程，符合价值工程概念理论。

因此，本节认为改性钢渣应用于公路建设工程中具有良好的经济效益和生态效益，改性钢渣在公路工程中的应用，对补齐 SSAM 应用现状中沥青用量大、费用高、路面耐久性差的短板有着巨大的实践意义。

# 参考文献

[1] 韩凤兰，吴澜尔．工业固废循环利用[M]．北京：科学出版社，2017.

[2] 常纪文，杜根杰，石晓莉，李红科．大宗工业固废综合利用，政策和科技创新要跟上[J]．环境经济，2021，（12）：38-41.

[3] 任亚伟．工业废渣在道路基层中的综合应用及关键技术研究[D]．邯郸：河北工程大学，2021.

[4] 赵立文，朱干宇，李少鹏，等．电石渣特性及综合利用研究进展[J]．洁净煤技术，2021，27（03）：14-22.

[5] 张慧宁，徐安军，崔健，等．钢渣循环利用研究现状及发展趋势[J]．炼钢，2012，28（03）：74-77.

[6] 杨刚，李辉，陈华．钢渣微粉对重金属污染土壤的修复及机理研究[J]．建筑材料学报，2021，24（02）：318-322.

[7] 曾路，余意恒，任毅，彭小芹，孙幸福．碱激发钢渣-矿渣加气混凝土的制备研究[J]．建筑材料学报，2019，22（02）：206-213.

[8] 李平，王秉纲，张争奇．基于高温性能的沥青混合料级配设计方法[J]．交通运输工程学报，2010，10（06）：9-14.

[9] 闫广宇，周明凯，陈潇，于刚，刘补良，康壮．煤矸石集料路面基层材料应用研究[J]．武汉理工大学学报（交通科学与工程版），2021，45（03）：568-573.

[10] 柳冬雷．煤矸石电石渣、粉煤灰混合料干湿循环水稳定性研究[D]．邯郸：河北工程大学，2018.

[11] 赵鹏．邢汾高速煤矸石填筑路基关键技术研究[D]．西安：长安大学，2012.

[12] 夏政．水泥稳定水洗煤矸石材料的基层应用研究[D]．南京：东南大学，2017.

[13] 朱庭勇．淄博市电石渣、粉煤灰稳定煤矸石路用性能分析[D]．济南：山东大学，2011.

[14] 王妮妮．沈抚地区煤矸石在辽东北地区普通公路基层中的应用研究[D]．长春：吉林大学，2015.

[15] 姜振泉，季梁军，左如松．煤矸石的破碎压密作用机制研究[J]．中国矿业大学学报，2001（02）：31-34.

[16] 王朝辉，王选仓，申文胜，程红光．冲击压实技术在高速公路煤矸石路基中的应用及效果分析[J]．河北工业大学学报，2010，39（04）：96-100.

[17] 王勃，李宏波．粗粒料对煤矸石路基工程力学性能影响的研究[J]．中外公路，2012，32（01）：24-27.

[18] 姜利，董建勋，张锦生．未燃煤矸石路基施工及温度变化监测与分析[J]．公路，2012（03）：122-125.

[19] 夏英志．煤矸石路堤施工质量研究[J]．路基工程，2010，（05）：154-156.

[20] 王锐．煤矸石路用性能试验研究[D]．合肥：合肥工业大学，2008.

[21] 顾梁平．煤矸石用作高速公路路基填料的现场碾压试验研究[D]．合肥：合肥工业大学，2007.

[22] 常贺．淮北煤矸石在高等级公路路基中的应用研究[D]．西安：长安大学，2015.

[23] 唐骁宇．交通荷载下煤矸石路基填料的动力特性[D]．湘潭：湖南科技大学，2020.

[24] Mascaro L, Benvenuti B. Corsini F. etal. Mine wastes at the polymetallic deposit of Fenice Capanne (southern Tuscany, Italy). And environmental impact[J]. Environmental Geology, 2001，24：206-212.

［25］ Fernandes H. M，Franklin M. R. Assessment of acid rock drainage pollutants release in the uranium mining site of Pocos de Caldas-Brazil Journal of environmental Radioactivity［J］. 2011，33：231-244.

［26］ Solesbury F. W. Coal wastes in civil engineering works：2 case histories from South Africa. The 2nd Symposium on the Reclamation，Treatment and Utilization of Coal Mining Wastes［C］. Netherlands，1987：207-218.

［27］ Rainbow A. K. M，Skarzynska K. M. Minestone impoundment dams for fluid fly ash storage. The 2nd Symposium on the Reclamation，Treatment and Utilization of Coal Mining Wastes［C］. Netherlands，1987：219-238.

［28］ Y Z Sun，J S Fan，P Qin. Etc. Pollution extents of organices from a coal gangue dump of Jiu long Coal Mine［J］. Environmental Geochemistry and Health，2009，31（1）：81-89.

［29］ Michalski P，Skarzynska K. M. Treatment and Utilization of coal mining wastes. Compactability of coal mining wastes as a fill material［C］. Durham，England：Symposium on the Reclamation，1984：283-288.

［30］ Toshihiko Masui. Policy evaluations under environmental constraints using a computable general equilibrium model［J］. European Journal of Operational Research，2005，（1）：843-855.

［31］ Qiu J，Zheng J，Guan X，et al. Capillary Water Absorption Properties of Steel Fiber Reinforced Coal Gangue Concrete under Freeze-Thaw Cycles［J］. Korean Journal of Materials Research，2017，27（8）：451-458.

［32］ Koshy N，Dondrob K，Hu L，et al. Synthesis and characterization of geopolymers derived from coal gangue，fly ash and red mud［J］. Construction and Building Materials，2019，206：287-296.

［33］ Long G，Li L，Li W，et al. Enhanced mechanical properties and durability of coal gangue reinforced cement-soil mixture for foundation treatments［J］. Journal of Cleaner Production，2019，231：468-482.

［34］ Yi C，Ma H，Chen H，et al. Preparation and characterization of coal gangue geopolymers［J］. Construction and Building Materials，2018，187：318-326.

［35］ Yao Y，Li Y，Liu X，et al. Characterization on a cementitious material composed of red mud and coal industry byproducts［J］. Construction and Building Materials，2013，47：496-501.

［36］ Dong Z，Xia J，Fan C，et al. Activity of calcined coalgangue fine aggregate and its effect on the mechanical behavior of cement mortar［J］. Construction and Building Materials，2015，100：63-69.

［37］ 罗洪伟，周兴国. 电石渣稳定土路面基层应用技术研究［J］. 辽宁交通科技，2000（02）：22-23.

［38］ 杜延军，刘松玉，魏明俐，等. 电石渣改良路基过湿土的微观机制研究［J］. 岩石力学与工程学报，2014，33（06）：1278-1285.

［39］ 杜延军，刘松玉，覃小纲，等. 电石渣稳定过湿黏土路基填料路用性能现场试验研究［J］. 东南大学学报（自然科学版），2014，44（02）：375-380.

［40］ 庞巍，叶朝良，杨广庆，等. 电石渣改良滨海地区盐渍土路基可行性研究［J］. 岩土力学，2009，30（04）：1068-1072.

［41］ 刘靖. 电石渣改良滨海盐渍土路基工程特性研究［J］. 工程勘察，2010，38（11）：17-20.

［42］ 查甫生，郝爱玲，赵林，等. 电石渣改良膨胀土试验研究［J］. 工业建筑，2014，44（05）：65-69.

［43］ 肖龙山. 电石渣改良膨胀土稳定性影响研究［D］. 南宁：广西大学，2012.

［44］ 栗培龙，赵晨希，裴仪，胡晋川. 电石渣稳定土组成设计及影响因素研究［J］. 公路工程，2021，46（03）：129-133+255.

［45］ 覃小纲，杜延军，刘松玉，等. 电石渣改良过湿黏土的物理力学试验研究［J］. 岩土工程学报，2013，35（S1）：175-180.

[46] 李靖. 电石渣粉煤灰改良滨海盐渍土做底基层填料可行性研究[J]. 公路交通科技（应用技术版），2012，8（06）：98-100.

[47] 高朋，党增琦，栗培龙，沈明汉，曾宪军. 电石渣粉煤灰稳定土强度影响因素分析[J]. 路基工程，2020（05）：6-10.

[48] 药秀明，杨晓华，吴红兵. 粉煤灰、电石渣混合料作为路基填料的应用研究[J]. 公路交通科技（应用技术版），2007（05）：91-93.

[49] 赵林. 粉煤灰、电石渣改良膨胀土机理及长期稳定性研究[D]. 合肥：合肥工业大学，2013.

[50] 朱大彪. 电石渣在高等级公路路面中的应用研究[D]. 南京：东南大学，2016.

[51] 刘星辰. 电石灰在公路工程中的综合利用研究[D]. 郑州：郑州大学，2020.

[52] Latifi N，Vahedifard F，Ghazanfari E，et al. Sustainable Usage of Calcium Carbide Residue for Stabilization of Clays[J]. Journal of Materials in Civil Engineering，2018，30（040180996）：256-266.

[53] Darikandeh F. Expansive soil stabilised by calcium carbide residue-fly ash columns[J]. Ground Improvement，2018，171（1）：49-58.

[54] Horpibulsuk S，Phetchuay C，Chinkulkijniwat A. Soil Stabilization by Calcium Carbide Residue and Fly Ash[J]. Journal of Materials in Civil Engineering，2012，24（2）：184-193.

[55] Horpibulsuk S，Phetchuay C，Chinkulkijniwat A，et al. Strength development in silty clay stabilized with calcium carbide residue and fly ash[J]. Soils and Foundations，2013，53（4）：477-486.

[56] Kampala A，Horpibulsuk S. Engineering Properties of Silty Clay Stabilized with Calcium Carbide Residue[J]. Journal of Materials in Civil Engineering，2013，25（5）：632-644.

[57] Kampala A，Horpibulsuk S，Prongmanee N，et al. Influence of Wet-Dry Cycles on Compressive strength of Calcium Carbide Residue-Fly Ash Stabilized Clay[J]. Journal of Materials in Civil Engineering，2014，26（4）：633-643.

[58] 林志伟，颜峰，郭荣鑫. 富水环境下钢渣集料体积膨胀行为及抑制方法研究现状综述[J]. 硅酸盐通报，2019，38（01）：118-124.

[59] 龙红明，王凯祥，刘自民. 钢渣超微粉/橡胶复合材料的性能及补强-阻燃机制[J]. 复合材料学报，2020，37（04）：944-951.

[60] Pasetto M，Baliello A. Sustainable solutions for road pavements：A multi-scale characterization of warm mix asphalts containing steel slags[J]. Journal of Cleaner Production，2017，166（10）：835-843.

[61] Pasetto M，Baldo N. Fatigue behavior characterization of bituminous mixtures made with reclaimed asphalt pavement and steel slag[J]. Procedia-Social and Behavioral Sciences，2012，53（3）：297-306.

[62] Pasetto M，Baldo N. Experimental evaluation of high performance base course and road base asphalt concrete with electric arc furnace steel slags[J]. Journal of Hazardous Materials，2010，181（1-3）：938-948.

[63] Wu S P，Xue Y J. Ulization of steel as aggregates for stone mastic asphalt（SMA）mixtures[J]. Building and Environment，2007（42）：2580-2585.

[64] 申爱琴，陈祥，郭寅川. 基于灰靶决策理论的钢渣沥青混合料路用性能评价[J]. 硅酸盐通报，2019，38（04）：1245-1252.

[65] Kavussi A，Morteza J Q. Fatigue characterization of asphalt mixes containing electric arc furnace（EAF）steel slag subjected to long term aging[J]. Construction and Building Materials，2014，72：158-166.

[66] 郭寅川，解志腾，申爱琴，等. 基于复合纳米光催化材料的隧道尾气降解研究[J]. 华南理工大学

学报（自然科学版），2019，47（07）：83-89.

［67］ Wu H S，Shen A Q，Yang X L. Effect of $TiO_2/CeO_2$ on photocatalytic degradation capability and pavement performance of asphalt mixture with steel slag[J]. Journal of Materials in Civil Engineering，2021，33（9）：112-118.

［68］ Arabania M，Azarhooshb A R. The effect of recycled concrete aggregate and steel slag on the dynamic properties of asphalt mixtures[J]. Construction and Building Materials，2012，35：1-7.

［69］ Chen Z W. Moisture stability improvement of asphalt mixture considering the surface characteristics of steel slag coarse aggregate[J]. Construction and Building Materials，2020，251（10）：118-126.

［70］ Waligora J. Chemical and mineralogical characterizations of LD converter steel slags：A multi-analytical techniques approach[J]. Materials Characterization，2010，61（1）：39-48.

［71］ 申爱琴，喻沐阳，郭寅川. 钢渣沥青混合料疲劳性能及改善机理[J]. 建筑材料学报，2018，21（02）：327-334.

［72］ 张彩利，王超，李松. 钢渣沥青混合料水稳定性研究[J]. 硅酸盐通报，2021，40（01）：207-214.

［73］ 张强，等. 多掺量钢渣开级配沥青混合料性能研究[J]. 硅酸盐通报，2020，39（02）：493-500.

［74］ 刘兴成. 不同钢渣掺量的 OGFC-13 沥青混合料性能研究[D]. 西安：长安大学，2019.

［75］ 徐帅. 钢渣透水沥青混合料的制备及界面机理研究[D]. 西安：西安建筑科技大学，2017.

［76］ 李超，陈宗武，谢君. 钢渣沥青混凝土技术及其应用研究进展[J]. 材料导报，2017，31（03）：86-95＋122.

［77］ 王川. 钢渣表面改性工艺及改性钢渣沥青混合料性能研究[D]. 昆明：昆明理工大学，2018.

［78］ 许丁斌. 钢渣沥青混合料的材料及性能研究[D]. 南京：东南大学，2018.

［79］ Shen W，Zhou M，Ma W，et al. Investigation on the application of steel slag-flyash-phosphogypsum solidified material as road base material[J]. Journal of Hazardous Materials，2009，164（1）：99-104.

［80］ 黄浩. 未陈化钢渣在水泥稳定碎石基层中的应用研究[D]. 西安：长安大学，2018.

［81］ 郑武西. 钢渣在水泥稳定碎石基层中的应用研究[D]. 西安：长安大学，2018.

［82］ 李伟，郎雷，王志浩，等. 半刚性钢渣基层抗裂性能试验研究[J]. 施工技术，2017，46（11）：47-52.

［83］ 王鹤彬. 半刚性钢渣基层的抗裂性能研究[D]. 沈阳：沈阳建筑大学，2016.

［84］ George K P. Pavement Thickness Design using lowstreng the base and subbase materials[J]. TRID，1985（1043）：213-216

［85］ 张澎. 掺钢渣的水泥稳定碎石性能研究[D]. 南京：南京林业大学，2005.

［86］ 喻平. 水泥稳定钢渣碎石基层抗疲劳性能研究[D]. 重庆：重庆交通大学，2017.

［87］ 牛清奎. 煤矸石二灰混合料路基工程技术和理论研究[D]. 天津：天津大学，2008.

［88］ 中华人民共和国交通运输部. 公路路面基层施工技术细则：JTG/T F20—2015[S]. 北京：人民交通出版社，2015.

［89］ 钱强. 攀钢转炉钢渣闷泼法工艺实践[J]. 鞍钢技术，2018（02）：49-52.

［90］ MASON B. The constitution of some open-heart slag[J]. Joumal of Iron Steel Institute，1994，（11）：69-80.

［91］ 张玉柱，雷云波，李俊国. 冷却方式对钢渣中 f-CaO 显微形貌及含量的影响[J]. 钢铁钒钛，2011，32（02）：20-24.

［92］ 刘强，程涛，江志杰. 钢渣桩复合地基技术的研究进展[J]. 湖北理工学院学报，2020，36（01）：33-39.

［93］ Mahdi Z，Ebrahim H. Effect of steel slag aggregate and bitumen emulsion types on the performance of microsurfacing mixture[J]. Journal of Traffic and Transportation Engineering (English Edition)，2020，7（02）：215-226.

[94] 许博，蓝天助，刘朝晖. 不同处理工艺对钢渣膨胀稳定性能的影响[J]. 钢铁钒钛，2020，41（01）：88-94.

[95] 米贵东，王强，王卫仑. 蒸养条件下钢渣粗集料对混凝土的破坏作用[J]. 清华大学学报（自然科学版），2015，55（09）：940-944.

[96] 甄云璞，宗燕兵，苍大强. 熔融态下掺入粉煤灰对钢渣性质的影响研究[J]. 钢铁，2009，44（12）：91-94.

[97] 徐国涛，王悦. 钢渣安定性处理技术与工艺的探讨[J]. 钢铁研究，2009，37（02）：54-56.

[98] 刘天成，杨华明. 超细钢渣及高性能混凝土掺合料的最新进展[J]. 金属矿山，2006（09）：8-13.

[99] 牟善彬，孙振亚，苏小萍. 高游离氧化钙水泥的显微结构与膨胀机理研究[J]. 武汉理工大学学报，2001（11）：27-29＋59.

[100] 刘雨. 微生物固碳钢渣建材制品矿化胶凝机制与调控技术基础研究[D]. 南京：东南大学，2018.

[101] 赵计辉，阎培渝. 钢渣的体积安定性问题及稳定化处理的国内研究进展[J]. 硅酸盐通报，2017，36（02）：477-484.

[102] 王强，黎梦圆，石梦晓. 水泥-钢渣-矿渣复合胶凝材料的水化特性[J]. 硅酸盐学报，2014，42（05）：629-634.

[103] 朱明，胡曙光，丁庆军. 钢渣用作水泥基材料的问题研讨[J]. 武汉理工大学学报，2005（06）：48-51＋65.

[104] 吴少鹏，崔培德，谢君. 钢渣集料膨胀抑制方法及混合料体积稳定性研究现状[J]. 中国公路学报，2021，34（10）：166-179.

[105] 张同生，刘福田，王建伟等. 钢渣安定性与活性激发的研究进展[J]. 硅酸盐通报，2007（05）：980-984.

[106] 宋坚民. 转炉钢渣稳定性探讨[J] 冶金环境保护，2002（1）：53-57.

[107] 彭春元，彭忠，钟健. 转炉钢渣微粉的加工与品位分析研究[J]. 炼钢，2006（01）：57-60.

[108] 王向锋，张新义，于淑娟. 影响鞍钢转炉渣安定性的矿物相研究[J]. 钢铁，2010，45（06）：98-101.

[109] 阮文. 石灰粉煤灰稳定钢渣碎石材料的路用性能研究[D]. 长沙：湖南大学，2012.

[110] 许莹，王巧玲，胡晨光. 液态钢渣在线重构技术研究进展[J]. 矿产综合利用，2019（02）：1-8.

[111] 孙鹏飞，房延凤，刘存顺，等. 碳酸化预处理钢渣体积安定性和水化活性的影响[J]. 混凝土，2020（09）：69-72.

[112] 王静茹. 利用水化-碳酸化钢渣和脱硫灰制备建材制品[D]. 大连：大连理工大学，2016.

[113] 贾兴文，唐祖全，钱觉时. 钢渣混凝土压敏性研究及机理分析[J]. 材料科学与工艺，2010，18（01）：66-70.

[114] 鲍继伟，张玉柱，龙跃，邢宏伟，田铁磊. 改性钢渣制备水泥的基础性能研究[J]. 矿产综合利用，2012（04）：47-50.

[115] 王会刚，彭犇，岳昌盛，等. 钢渣改性研究进展及展望[J]. 环境工程，2020，38（05）：133-137＋106.

[116] Lun Y X, Liu S S, Zhou M K. Stress-Chemistry Mechanism of Mortars Made with Steel Slag Sand[J]. Advanced Materials Research，2010，899：163-167.

[117] 马来君，连芳，王瀚霄. 钢渣中游离氧化镁含量的测定及其减量控制措施[J]. 矿产综合利用，2017（05）：70-75.

[118] 张作良，陈韧. 转炉钢渣物相组成及其显微形貌[J]. 材料与冶金学报，2019，18（01）：37-40.

[119] 许莹，杨姗姗，王巧玲．基于 GRNN-SA 的重构钢渣最佳配方优化模型[J]．钢铁钒钛，2020，41（01）：75-81＋94.

[120] 任谦．钢渣粉及铁氧化物对混凝土性能的影响研究[D]．杭州：浙江大学，2018.

[121] 宫晨琛，余其俊，韦江雄．电炉还原渣对转炉钢渣的重构机理[J]．硅酸盐学报，2010，38（11）：2193-2198.

[122] 伦云霞，周明凯，蔡肖．水泥混凝土用钢渣砂安定性评价方法研究[J]．建筑材料学报，2009，12（02）：244-248.

[123] 伦云霞，周明凯，蔡肖．钢渣砂砂浆（SSM）膨胀破坏的力学行为[J]．武汉理工大学学报，2008（11）：62-64＋86.

[124] 王强，杨建伟，张波．机械磨细对钢渣中粗颗粒的胶凝性能的影响[J]．清华大学学报（自然科学版），2013，53（09）：1227-1230.

[125] 侯贵华，李伟峰，王京刚．转炉钢渣中物相易磨性及胶凝性的差异[J]．硅酸盐学报，2009，37（10）：1613-1617.

[126] 侯新凯，徐德龙，薛博．钢渣引起水泥体积安定性问题的探讨[J]．建筑材料学报，2012，15（05）：588-595.

[127] 杜宪文．钢渣应用于道路工程的研究[J]．东北公路，2003（02）：73-74.

[128] 周溪滢，向晓东，李灿华．钢渣生态安全性分析及无害化处理和应用进展[J]．矿产综合利用，2014（03）：8-11.

[129] 邢琳琳．钢渣稳定性与钢渣粗集料混凝土的试验研究[D]．西安：西安建筑科技大学，2012.

[130] 孟华栋，刘浏．钢渣稳定化处理技术现状及展望[J]．炼钢，2009，25（06）：74-78.

[131] AHMARUZZAMAN M. A review on the utilization of fly ash[J]．Progress in Energy and Combustion Science，2010，36（3）：327-363.

[132] 朱凯建．工业废渣在路基工程中的路用性能研究及应用[D]．邯郸：河北工程大学，2021.14-64.

[133] 李博琦，谢贤，吕晋芳，等．粉煤灰资源化综合利用研究进展与展望[J]．矿产保护与利用，2020．（5）：153-154.

[134] 孙俊民，王秉军，张占军．高铝粉煤灰资源化利用与循环经济[J]．轻金属，2012（10）：1-5

[135] WANG S. Application of solid ash-based catalysts in heterogeneous catalysis[J]．Environmental science & technology，208，42：705-7063.

[136] Liu H，Xu Q，Wang Q，et al. Prediction of the elastic modulus of concrete with spontaneous-combustion and rock coal gangue aggregates[J]．Structures，2020，28：774-785.

[137] Guo W，Zhang Z，Zhao Q，et al. Mechanical properties and microstructure of binding material using slag-fly ash synergistically activated by wet-basis soda residue-carbide slag[J]．Construction and Building Materials，2020，269（9）：121301.

[138] 中华人民共和国交通部．公路路面基层施工技术规范：JTJ 034-2000[S]．北京：人民交通出版社，2000.

[139] 闫亚鹏．寒冷地区水泥稳定碎石基层抗裂性改善技术研究[D]．西安：长安大学，2012.

[140] 栗培龙，毕嘉宇，裴仪，朱德健．粉煤灰对电石渣稳定黄土的性能改善分析[J/OL]．公路工程：1-8[2021-09-27]．http：//kns.cnki.net/kcms/detail/43.1481.u.20210611.1132.002.html.

[141] 曾梦澜，罗迪，吴超凡，吴正新．不同级配类型水泥稳定碎石路面基层材料的抗裂性能[J]．湖南大学学报（自然科学版），2013，40（10）：1-7.

[142] 周明凯，陈潇，刘佳，范志勇，吴兵兵．水泥粉煤灰稳定碎石结合料填充系数的优选[J]．建筑材料学报，2009，12（01）：57-62.

[143] 黄海．低剂量水泥、石灰粉煤灰稳定碎石的路用性能研究[D]．西安：长安大学，2012.

［144］陈茉，钭逢光，李庆锡，沈陞．电石渣与粉煤灰稳定基层试验及强度影响因素[J]．地下空间与工程学报，2007（02）：364-367.

［145］LiuYuyi，Chang Che-Way，Namdar Abdoullah，She Yuexin，Lin Chen-Hua，Yuan Xiang，Yang Qin. Stabilization of expansive soil using cementing material from rice husk ash and calcium carbide residue[J]．Construction and Building Materials，2019，221.

［146］宋帅．水泥粉煤灰稳定碎石基层的工程应用[D]．西安：西安建筑科技大学，2017.

［147］沈卫国．工业固体废弃物路面基层材料 ISW-RBM 的研究[D]．武汉：武汉理工大学，2005.

［148］徐江萍．水泥粉煤灰稳定碎石基层沥青路面抗裂性能研究[D]．西安：长安大学，2006.

［149］岳卫民．水泥粉煤灰稳定碎石配合比设计方法及路用性能研究[D]．西安：长安大学，2006.

［150］范杰，李庚英，熊光晶．PVA 改性碳黑-水泥砂浆力学性能及微观结构[J]．华中科技大学学报（自然科学版），2016，44（01）：22-26.

［151］Sumi Siddiqua，Priscila N. M. Barreto. Chemical stabilization of rammed earth using calcium carbide residue and fly ash[J]．Construction and Building Materials，2018，34：169-171.

［152］姜振泉，赵道辉，隋旺华，郭庆运．煤矸石固结压密性与颗粒级配缺陷关系研究[J]．中国矿业大学学报，1999（03）：12-16.

［153］李东升，刘东升，贺文俊，胡江雷．风化煤矸石抗剪强度粒径影响试验研究[J]．工程地质学报，2016，24（03）：376-383.

［154］李东升，刘东升．固结煤矸石抗剪强度特征试验[J]．重庆大学学报，2015，38（03）：58-65.

［155］李东升，刘东升．煤矸石抗剪强度特性试验对比研究[J]．岩石力学与工程学报，2015，34（S1）：2808-2816.

［156］徐献海，张聚军，张亚鹏．煤矸石抗剪强度试验研究[J]．硅酸盐通报，2014，33（03）：682-685＋696.

［157］贺建清，靳明，阳军生．掺土煤矸石的路用工程力学特性及其填筑技术研究[J]．土木工程学报，2008（05）：87-93.

［158］贺建清，阳军生，靳明．循环荷载作用下掺土煤矸石力学性状试验研究[J]．岩石力学与工程学报，2008（01）：199-205.

［159］丁红慧．石灰改良膨胀土在高速公路路基填筑中的应用[D]．南京：东南大学，2006.

［160］涂强，张修峰，刘鹏亮，朱南京．不同粒径级配煤矸石散体压缩变形试验研究[J]．煤炭工程，2009（11）：68-70.

［161］刘宇翼，李雄威，佘跃心，王辉，代文闯，吕顺康．电石渣-火山灰材料复合固化土研究进展《环境工程》2018 年全国学术年会论文集（上册）[C]．《环境工程》编委会、工业建筑杂志社有限公司：《环境工程》编辑部，2018：7.

［162］Suksun Horpibulsuk，Chayakrit Phetchuay，Avirut Chinkulkijniwat. Soil Stabilization by Calcium Carbide Residue and Fly Ash［J］．Journal of Materials in Civil Engineering，2012，24（2）：312-323.

［163］Celestine O. Okagbue. Stabilization of Clay Using Woodash[J]．Journal of Materials in Civil Engineering，2007，19（1）：14-18.

［164］Akcanca F，Aytekin M. Effect of wetting-drying cycles on swelling behavior of lime stabilized sand-bentonite mixtures[J]．Environmental Earth Sciences，2012，66（1）：67-74.

［165］Suksun Horpibulsuk，Chayakrit Phetchuay，Avirut chinkulkijniwat，et al. Strength development in silty clay stabilized with calcium carbide residue and fly ash［J］．Soils and foundations，2013，53（4）：477-486.

［166］中华人民共和国交通部．公路工程集料试验规程：JTG E42—2005[S]．北京：人民交通出版

社，2005.

[167] 中华人民共和国国家质量监督检验检疫总局.耐磨沥青路面用钢渣：GB/T 24765—2009[S].北京：中国标准出版社，2010.

[168] 安秋凤，程广文.长碳链烷基聚硅氧烷的成膜性与膜形貌[J].纺织学报，2006（05）：13-15.

[169] 闫洪生.纳米 $SiO_2$ 强化再生粗集料混凝土力学性能的试验研究[D].青岛：青岛理工大学，2018.

[170] 中华人民共和国交通运输部.公路工程沥青及沥青混合料试验规程：JTG E20—2011[S].北京：人民交通出版社，2011.

[171] 郭其杰.再生集料强化处理以及在沥青稳定碎石中的应用研究[D].西安：长安大学，2014.

[172] 董从雷.钢渣表面疏水膨胀抑制机理及混合料性能[D].南京：东南大学，2019.

[173] 中华人民共和国交通运输部.公路工程无机结合料稳定材料试验规程：JTG E51—2009[S].北京：人民交通出版社，2009.

[174] 杨质子，赵亮，刘纯林，陈德鹏.废弃轮胎胶粒改性钢渣混凝土体积变形研究[J].施工技术，2015，44（15）：59-62.

[175] 骆宏勋，龙劲一，吴超凡.水泥粉煤灰稳定钢渣路面基层材料研究[J].公路工程，2011，36（5）：47-51.

[176] 张选迪.钢渣和粉煤灰在道路工程中的试验研究[D].郑州：郑州大学，2019.

[177] 朱光源，王元纲，黄凯健，张高勤，胡亚风.矿物细掺料对钢渣集料膨胀性的抑制作用[J].森林工程，2019，35（01）：87-92.

[178] 民贵春，王捷，陈飞.水泥稳定碎石无侧限抗压强度与抗压回弹模量的关系[J].公路，2007，（1）：171-174.

[179] 陈勇鸿，孙艳华，高伏良，等.水泥稳定钢渣-碎石道路基层材料干缩性质试验研究[J].公路工程，2012，37（5）：202-205.

[180] 李桂花.煤矸石在高路堤填筑中的关键技术研究[D].济南：山东大学，2012.

[181] 曹文华.某高速公路煤矸石路基处治技术研究[D].重庆：重庆交通大学，2013.